KB042307

백만장자가 되기 위한 재테크 통계학

김종권 저

박영사

머리말

이 책은 재테크 관련 서적과 통계학적인 접근을 통하여 금융, 주택과 토지 등 실물자산의 움직임에 있어서 일반인도 관심을 가질 수 있는 책자를 제공하는 것을 목적으로 집필을 하게 되었다. 특히 상경계열이나 경상계열 등을 전공하고 있는 학생들의 경우에는 각종 현재의 대내외적인 이슈와 엑셀을 통하여 쉽게 재테크에도 관심을 가지고, 이와 관련된 자격증 취득에도 대비하는 목적을 지니고 집필을 하였다.

통계학하면 흔히 확률과 수학적인 배경이 없이는 접근이 용이하지 않다고 판단하기 쉽지만 결론적으로 현재의 대내외의 상황과 배경 등을 먼저 알고 이를 엑셀을 활용하여 확인해 볼 수 있도록 순서를 정하였다.

자료들은 한국은행에서 제공하는 데이터를 근거로 하여 구체적으로 평균과 최대치, 최소치, 분산, 표준편차, 상관계수 값 등을 제공하여 실제로 투자(investment)를 하는 데에 있어서도 도움이 될 것으로 판단된다.

또한 현재 진행되고 있는 4차 산업혁명의 블록체인과 암호화폐까지 다루어 전통산업과 함께 발전해 나가는 4차 산업혁명 군까지 투자에 있어서 도움이 될 것으로 판단하고 있다. 이는 각종 자산(asset)의 다양성을 함께 고려하여 실제 투자에서도 참고할 만한 사항으로 포함시킨 것이다.

이에 따라 제1편의 2016년 이후 한국 대표기업 부(금융) 효과를 chapter 01 부(자산) 효과와 주식(stock)과 chapter 02 소득과 부(금융) 효과로 구분하였다. 그리고 chapter 01 부(자산) 효과와 주식(stock)의 제1절 부(자산) 효과와 금융과 제2절 금융 및 부동산 부(자산) 효과로 되어 있다. 그리고 chapter 02 소득과 부(금융) 효과에서는 제1절 거시경제변수와 부(금융) 효과와 제2절 생애 주기 상에서의 소비와 소득으로 구성되어 있다.

제2편의 부(금융 및 주택가격) 효과와 재테크통계학의 도수 분포는 chapter 03

부(금융 및 주택가격) 효과와 재산세와 부동산 경기와 chapter 04 재테크통계학의 도수와 범위, 계급로 구성되어 있다. chapter 03 부(금융 및 주택가격) 효과에는 제1절 미국과 유럽의 부(금융) 효과와 부(주택가격) 효과와 제2절 부동산 수요와 재산세 변동 효과로 되어 있다. 그리고 chapter 04 재테크통계학의 도수와 범위, 계급에는 제1절 재테크통계학의 도수와 계급과 제2절 재테크통계학에 있어서 범위와 계급으로 되어 있다.

제3편 재테크의 기술 및 추리통계학적 접근과 실무적인 분석 사례에서는 chapter 05 재테크통계학의 계급 구간과 한계치와 chapter 06 재테크통계학에 있어서의 모평균과 표본평균 활용로 구성되어 있다. chapter 05 재테크통계학의 계급 구간과 한계치에는 제1절 재테크통계학에 있어서 계급 구간의 범위 설정과 제2절 재테크통계학에 있어서 계급의 한계치로 되어 있다. 그리고 chapter 06 재테크통계학에 있어서의 모평균과 표본평균 활용에는 제1절 재테크통계학에 있어서 모평균을 활용한 분석과 제2절 재테크 통계학에 있어서의 표본평균을 활용한 분석의 모색으로 되어 있다.

제4편 재테크통계학에 있어서 집합과 확률 및 분산 효과에는 chapter 07 재테크통계학의 분산(모집단)과 분산(표본)의 분석과 chapter 08 재테크통계학에 있어서 집합과 확률 및 분산 분석으로 구성되어 있다. chapter 07 재테크통계학의 분산(모집단)에는 제1절 재테크통계학에 있어서 분산(모집단)의 분석과 제2절 재테크통계학에 있어서 분산(표본)의 분석으로 되어 있다. chapter 08 재테크통계학에 있어서 집합과 확률 및 분산 분석에는 제1절 재테크통계학에 있어서 집합과 확률 개념과 분석과 제2절 재테크통계학에 있어서의 분산(Variance)에 의한 효과로 되어 있다.

제5편 재테크통계학에서의 상관관계의 적용에는 chapter 09 재테크통계학에서의 표준편차와 상관관계의 분석이 있으며, 여기에는 제1절 재테크통계학에서의 표준편차와 제2절 재테크통계학에서 상관관계의 분석으로 나뉘어져 있다.

이 책이 출간될 수 있도록 배려해주신 안종만 회장님의 무한하신 배려에 진심으로 감사말씀을 올린다. 그리고 손준호 과장님께서도 늘 좋으신 말씀과 아이디어를 주시고 기회를 주셔서 이 책을 쓰게 된 점도 진심어린 감사의 말씀을 올린다.

이 책은 서두에서 말씀드린 바와 같이 일반인도 금융 분야뿐 아니라 실물 분야에서도 투자에 유용하게 사용할 수 있도록 엑셀을 통하여 확인해 보고 판단해 보실

수 있도록 하였다. 그리고 통계학, 경제학과 경영학 등을 전공하는 학생분들과 금융 및 실물 부문과 관련된 자격증과 공무원 준비생들에게 있어서도 제도적인 측면에서 도 세제 등과 관련하여 다루어 도움이 될 수 있도록 하였다.

또한 기업체에 재직 중이신 분들이나 공무원분들에게도 실무적으로 참고가 될 만한 내용과 수치들을 제공해 드리고 있다. 무엇보다 학문분야에 있어서 항상 열심 히 공부하시는 신한대학교의 학생들 모든 분들에게 그리고 신한대학교의 모든 구성 원 분들에게도 감사말씀을 올린다.

항상 곁에서 응원해 주시는 가족 모두에게도 진심어린 감사말씀을 올린다. 또 한 항상 곁에서 보호해 주시고 함께 하시고 한없는 은혜를 주시는 하나님께 진심어 린 감사말씀을 올린다. 이 책을 통하여 재테크와 통계학적인 측면에서 공부하시는 모든 분들에게 거듭 감사드린다.

2019년 7월
김종권

차 례

2016년 이후 한국 대표기업
부(금융) 효과

부(자산) 효과와 주식(stock)

제1절 | 부(자산) 효과와 금융

주택가격의 상승에 따른 부(자산) 효과가 유럽의 경우 크지 않은 것으로 나타나고 있다. 소비의 성장추세는 비교적 지속되는 성향을 갖고 소비상승에 대한 충격에 대하여 느린 반응을 나타내는 것으로 알려져 있다. 그러면 금융자산에 의한 부(자산)의 효과는 어떤가? 특히 통화와 예금을 비롯한 주식과 펀드(뮤추얼)의 경우 부(자산)의 효과가 강하게 나타나고 있다. 이는 소비의 경우 금융부문의 부채문제와 특히 주택담보부의 대출에 있어서 매우 민감하게 반응하고 있는 것으로 나타나고 있다. 따라서 부(자산)의 효과가 긍정적으로 나타나기 위해서는 금융부문의 가계부채 문제의 안정 특히 주택가격 안정이 중요할 것으로 판단된다.

금융부문의 경우 직접적인 시장과 간접적인 시장으로 나누어 볼 수 있는데, 직접적인 시장(direct market)의 경우 투자에 따른 책임이 개개인들의 투자들에게 주어지는 시장을 의미한다. 반면에 간접적인 시장(indirect market)의 경우에 있어서는 은

행이 책임을 지는 시장을 의미한다. 예금자들의 경우 5,000만원 이내에서는 은행의 파산에 있어서도 원금을 보존받을 수 있다.

직접적인 시장의 주식투자에서 개인이든 기관투자자든 간에 있어서 원자재 가격의 움직임 경우 가장 중요한 것은 기초자산과 관련된 것이다. 이는 공급의 부족사태가 적어도 2019년까지 지속되는 것이 '어떤 재화인가?'를 지켜보는 것이 가장 중요한 것이고, 이는 수요와 공급의 법칙에 의하여 설명되는 가격 메커니즘을 통하여 이루어지기 때문이다. 이와 같은 측면에서 살펴보면 미국을 비롯하여 중국의 경우 당분간 원자재와 관련하여 수요를 지속적으로 창출해 나갈 수 있는 대표적인 국가들이다. 따라서 당분간 한국의 경우에 있어서도 이들 두 국가들의 경제성장률 (economic growth rate)의 흐름을 주시할 필요가 있다.

그림 1-1 한국 KOSPI 주가지수(1980년 1월~2018년 12월)와 미국의 Dow Jones 주가지수(1980년 1월~2018년 12월) 동향

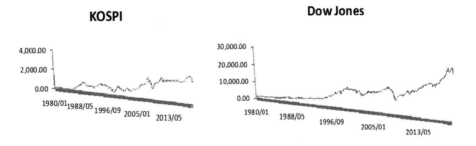

한국의 대표기업에 주식을 매입하는 투자를 하거나 아니면 이 회사의 주식을 보유하고 있다면 가장 좋은 매도 시기는 최근 들어 언제였을까? 아니라면 언제일까? 한번쯤은 궁금증을 불러일으킬 만한 시점이라는 판단이다. 이는 자산시장의 불확실성(uncertainty)이 높아질 수 있는 시점 또는 높아진 시점으로 판단되기 때문이다.

<그림 1-1>에는 한국 KOSPI 주가지수(1980년 1월~2018년 12월)와 미국의 Dow Jones 주가지수(1980년 1월~2018년 12월) 동향이 나타나 있다. 한국 KOSPI 주가지수의 단위는 1980.1.4=100이고, 미국의 Dow Jones 주가지수의 단위는 1896.5.26=40.96이다. 이 자료는 한국은행(Bank of Korea)에서 제공하는 경제통계

와 관련된 시스템(인터넷 홈페이지)을 통하여 입수한 것이다.[1]

　　금융에 있어서 중요한 주식시장에서 2016년 이후 한국의 흐름이 왜 중요해졌을까? 한국의 주식시장에는 대외 의존도가 높은 국내 경제(domestic economy)의 특성상 미국의 주식시장(stock market)에 전적으로 의존을 하고 있을까? 또는 미국의 경제상황(economic situation)에 주로 의존하고 있을까? 국내 거시경제(macroeconomics) 정책에 따른 영향일까? 아니면 국내 산업정책(industry policy)에 의한 것일까? 그것도 아니면 국내 대표적인 기업의 흐름에 주로 의존을 하고 있을까? 이와 같이 여러 가지 흐름에 대하여 누구나 한번쯤은 생각해 볼 수 있는 테마(theme)이고 한번쯤은 고민해 볼 수 있는 주제이기도 하다.

　　통계분석에 있어서 엑셀(Microsoft Excel)을 이용할 경우 예를 들어, I1부터 I10까지 10개 범위의 데이터(data)를 분석한다고 할 경우 아무 셀(cell)이나 지정하여 셀 안에 $\boxed{= \text{MAX(I1:I10)}}$ 과 같이 입력을 하면 범위 안에 최고의 값을 찾을 수 있게 된다. 이는 엑셀 창의 맨 위에 나와 있는 수식에서 fx 함수삽입에서 범주 선택으로 하여 MAX를 찾아 실행할 수 있다. 향후 최저의 값을 비롯하여 상관계수 등 모든 통계분석에서도 엑셀을 이용할 경우 이와 같은 방법을 이용하면 된다.

　　반면에 최저의 값도 마찬가지로 예를 들어, I1부터 I10까지 10개의 데이터(data)를 분석한다고 할 때 MIN(I1 : I10)과 같이 입력을 하면 범위 안에 최저의 값을 찾을 수 있게 된다. 또한 상관계수(correlation coefficient)의 값을 찾을 경우에도 예를 들어, I1부터 I10까지와 J1부터 J10까지 두 변수들 간에 분석을 할 경우 엑셀 창의 맨 위에 나와 있는 수식에서 fx 함수삽입에서 범주 선택으로 하여 CORREL에서 각각의 열(column)을 선택하여 I1 : I10과 J1 : J10을 삽입하면 계산할 수 있다. 이 경우 엑셀을 통한 함수식으로는 CORREL(I1 : I10, J1 : J10)이 된다.

　　이와 같은 통계분석을 통하여 한국 KOSPI 주가지수(1980년 1월~2018년 12월)와 미국의 Dow Jones 주가지수(1980년 1월~2018년 12월)를 살펴보면, 분석기간 동안 한국 KOSPI 주가지수의 최고의 값이 2018년 1월 2566.46이었으며, 미국의 Dow Jones 주가지수의 최고의 값이 2018년 9월 26458.31이었다.

　　반면에 한국 KOSPI 주가지수(1980년 1월~2018년 12월) 기간 중 최저의 값이

---

1) http://ecos.bok.or.kr/

1980년 2월 103.74이었으며, 미국의 Dow Jones 주가지수의 최저의 값이 한국 KOSPI 주가지수와 동일한 분석기간 동안 1980년 3월 785.75이었다. 이는 매우 유사성이 높음을 반영하고 있는 것이다.

또한 한국 KOSPI 주가지수(1980년 1월~2018년 12월)와 미국의 Dow Jones 주가지수(1980년 1월~2018년 12월)의 상관관계의 상관계수를 살펴보면, 0.875의 높은 수치를 보이고 있다. 따라서 적어도 한국의 주가흐름에는 미국 주식시장의 영향력이 매우 막강한 힘을 발휘하고 있음을 시계열(time series) 데이터 상에서 적어도 확인할 수 있다.

한편 <그림 1-2>에는 한국 산업생산지수(계절변동조정)(2000년 1월~2018년 10월)와 미국의 산업생산지수(계절변동조정)(2000년 1월~2018년 10월) 동향이 나타나 있다. 한국과 미국의 산업생산지수의 단위는 각각 2010=100이다. 이 자료는 한국은행(Bank of Korea)에서 제공하는 경제통계와 관련된 시스템(인터넷 홈페이지)을 통하여 입수한 것이다.

그림 1-2 한국 산업생산지수(계절변동조정)(2000년 1월~2018년 10월)와 미국의 산업생산지수(계절변동조정)(2000년 1월~2018년 10월) 동향

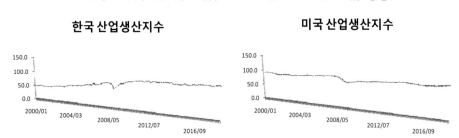

통계분석을 통하여 한국 산업생산지수(계절변동조정)(2000년 1월~2018년 10월)와 미국의 산업생산지수(계절변동조정)(2000년 1월~2018년 10월)를 살펴보면, 분석기간 동안 한국 산업생산지수(계절변동조정)의 최고의 값이 2018년 8월 107.6이었으며, 미국의 산업생산지수(계절변동조정)의 최고의 값이 2018년 10월 104.8이었다.

반면에 한국 산업생산지수(계절변동조정) 기간 중 최저의 값이 2000년 1월 47.7이었으며, 미국의 산업생산지수(계절변동조정)의 최저의 값이 한국 산업생산지수(계절

변동조정)와 동일한 분석기간 동안 2009년 6월 83.6이었다. 미국의 경우 서브프라임 모기지 사태에 따른 경기위축(business contraction)의 여파로 판단된다.

또한 한국 산업생산지수(계절변동조정)(2000년 1월~2018년 10월)와 미국의 산업생산지수(계절변동조정)(2000년 1월~2018년 10월)의 상관관계의 상관계수를 살펴보면, 0.634의 낮지 않은 상관성이 있는 수치를 보이고 있다. 한국 경제(Korea economy)가 미국 경제에 대한 의존도가 높다는 점이 이와 같은 상관관계를 통하여서도 확인되고 있는 것이다.

한국의 산업정책과 경제상황이 국내 주식시장에 반영되는 것을 살펴보기 위하여 시계열 상 2000년 1월~2018년 10월까지의 한국 산업생산지수(계절변동조정)와 한국 KOSPI 주가지수에 대하여 상관계수 분석을 살펴보면, 0.962라는 매우 높은 수치를 알 수 있다. 앞서 살펴본 바와 같이 한국 KOSPI 주가지수(1980년 1월~2018년 12월)와 미국의 Dow Jones 주가지수(1980년 1월~2018년 12월)의 상관관계의 상관계수인 0.875보다 훨씬 높은 수치를 나타내고 있다. 이는 미국의 주식시장과의 동조화 현상도 중요하지만 국내 주가의 안정에는 국내 경기의 안정이 무엇보다 중요함을 반영하고 있는 것이다. <그림 1-3>에는 한국 산업생산지수(계절변동조정)(2000년 1월~2018년 10월)와 한국 KOSPI 주가지수(1980년 1월~2018년 10월) 동향이 나타나 있

그림 1-3 한국 산업생산지수(계절변동조정)(2000년 1월~2018년 10월, 좌축)와 한국 KOSPI 주가지수(1980년 1월~2018년 10월, 우축) 동향

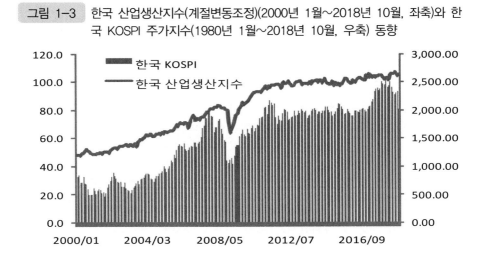

다. 이 자료는 한국은행(Bank of Korea)에서 제공하는 경제통계와 관련된 시스템(인터넷 홈페이지)을 통하여 입수한 것이다.

한편 미국의 산업정책과 경제상황이 국내 주식시장에 반영되는 것을 살펴보기 위하여 시계열 상 2000년 1월~2018년 10월까지의 미국 산업생산지수(계절변동조정)와 한국 KOSPI 주가지수에 대하여 상관계수 분석을 살펴보면, 0.693라는 비교적 낮지 않은 수치를 기록하고 있는 것을 알 수 있다.

그림 1-4 미국 산업생산지수(계절변동조정)(2000년 1월~2018년 10월, 좌축)와 한국 KOSPI 주가지수(1980년 1월~2018년 10월, 우축) 동향

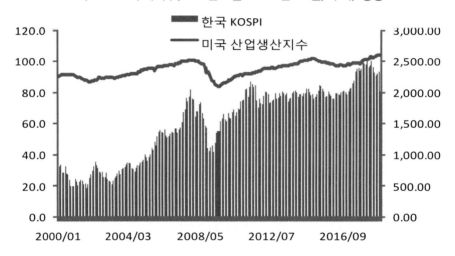

<그림 1-4>에는 미국 산업생산지수(계절변동조정)(2000년 1월~2018년 10월)와 한국 KOSPI 주가지수(1980년 1월~2018년 10월) 동향이 나타나 있다. 이 자료는 한국은행(Bank of Korea)에서 제공하는 경제통계와 관련된 시스템(인터넷 홈페이지)을 통하여 입수한 것이다.

<그림 1-3>과 <그림 1-4>를 비교해 볼 때, 그래프(graph) 상에서도 한국 KOSPI 주가지수에 대하여 미국 산업생산지수(계절변동조정)보다 한국 산업생산지수(계절변동조정)가 보다 밀접한 관련성을 가지고 있음을 알 수 있다.

한국의 주요 금리인 국고채수익률(3년)만기와 한국 KOSPI 주가지수의 2000년 1월부터 2018년 12월까지의 상관계수는 -0.726을 나타내고 있다. 이는 금리인상

이 주가상승에는 부담요인이 된다는 재무학적인 이론을 뒷받침하고 있는 것이다.

미국의 주요 금리인 T/Note(10년)만기와 한국 KOSPI 주가지수의 1980년 1월부터 2018년 12월까지의 상관계수는 −0.694를 나타내고 있다. 이는 미국의 금리인상이 한국의 주가상승에 부담요인이 된다는 것을 나타내 주고 있는 것이다.

한국의 산업생산지수(계절변동조정)에서와 같이 미국의 금리인상보다는 한국의 금리인상이 한국의 주가에는 보다 크게 부담이 될 수 있음도 시사해 주고 있다.

그림 1-5 한국 국고채(3년)수익률(2000년 1월~2018년 12월)과 미국 T/Note(10년)(1980년 1월~2018년 12월) 동향

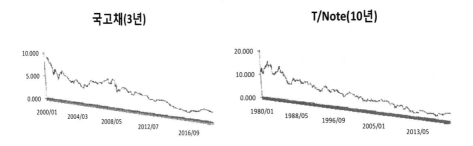

국고채(3년)　　　　　　**T/Note(10년)**

＜그림 1-5＞에는 한국 국고채(3년)수익률(2000년 1월~2018년 12월)과 미국 T/Note(10년)수익률(1980년 1월~2018년 12월) 동향이 나타나 있다. 이 자료는 한국은행(Bank of Korea)에서 제공하는 경제통계와 관련된 시스템(인터넷 홈페이지)을 통하여 입수한 것이다.

이 그림을 살펴보면, 한국과 미국의 주요 국제금리 추세(trend)가 지속적인 하락국면을 보인 것을 알 수 있다.

＜그림 1-6＞에는 한국 국고채(3년)수익률(2000년 1월~2018년 12월, 좌축)과 한국 KOSPI 주가지수(2000년 1월~2018년 12월, 우축) 동향이 나타나 있다. 이 자료는 한국은행(Bank of Korea)에서 제공하는 경제통계와 관련된 시스템(인터넷 홈페이지)을 통하여 입수한 것이다. 한국 주요 금리인하는 주식시장에 유동성(liquidity)의 제고 효과에 따라 긍정적인 양상을 제공해 줄 수 있음을 시사하고 있다.

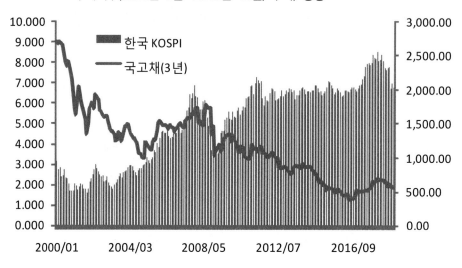

그림 1-6 한국 국고채(3년)수익률(2000년 1월~2018년 12월, 좌축)과 한국 KOSPI
주가지수(2000년 1월~2018년 12월, 우축) 동향

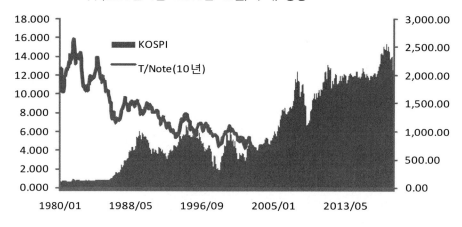

그림 1-7 미국 T/Note(10년)(1980년 1월~2018년 12월, 좌축)와 한국 KOSPI 주가
지수(2000년 1월~2018년 12월, 우축) 동향

제1편 2016년 이후 한국 대표기업 부(금융) 효과

<그림 1-7>에는 미국 T/Note(10년)(1980년 1월~2018년 12월, 좌축)와 한국 KOSPI 주가지수(2000년 1월~2018년 12월, 우축) 동향이 나타나 있다. 이 자료는 한국은행(Bank of Korea)에서 제공하는 경제통계와 관련된 시스템(인터넷 홈페이지)을 통하여 입수한 것이다. 한국의 금리 추세와 주가 움직임이 역(-)의 관계를 나타낸 바와 같이 미국의 금리 추세와 한국의 주가 추세도 반비례의 모습을 보이고 있음을 알 수 있다.

그림 1-8   업종별 기업경기실사지수(한국은행, 전국, 업황실적) 중 한국 전자·영상·통신장비 업황실적과 자동차의 각각 2009년 8월부터 2018년 12월 사이의 동향

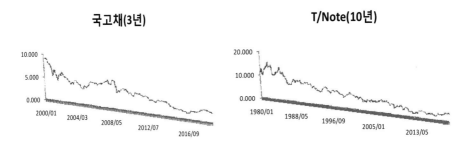

<그림 1-8>에는 업종별 기업경기실사지수(한국은행, 전국, 업황실적) 중 한국 전자·영상·통신장비 업황실적과 자동차의 각각 2009년 8월부터 2018년 12월 사이의 동향이 나타나 있다. 이 자료는 한국은행(Bank of Korea)에서 제공하는 경제통계와 관련된 시스템(인터넷 홈페이지)을 통하여 입수한 것이다. 한국의 가장 대표적인 기업의 주가흐름 상 2016년 이후 2017년의 말에 해당하는 고점(highest point)의 형성과 한국 전자·영상·통신장비 업황실적이 <그림 1-9> 그래프의 움직임 상에서 비슷한 양상을 나타내고 있다.

그림 1-9 한국 전자·영상·통신장비 업황실적(좌축)과 한국 KOSPI 주가지수(우축)의 각각 2009년 8월부터 2018년 12월 사이의 동향

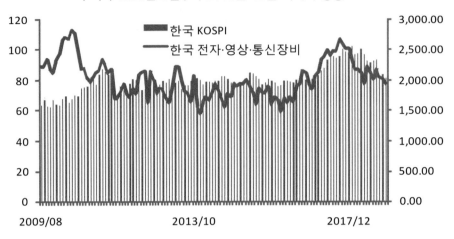

그림 1-10 한국 자동차 업황실적(좌축)과 한국 KOSPI 주가지수(우축)의 각각 2009년 8월부터 2018년 12월 사이의 동향

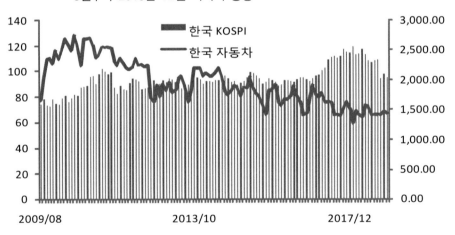

업종별 기업경기실사지수(한국은행, 전국, 업황실적)와 한국 KOSPI 주가지수의 2009년 8월~2018년 12월 사이의 상관계수를 살펴보면, 업종별 경기변동(business cycles)과 주가 사이의 선행관계 또는 동행, 후행 등을 살펴볼 수 있을지와 관련하여

분석해 보았다. 한국의 대표업종인 결과에 따르면, 한국 전자·영상·통신장비 업황 실적과 한국 KOSPI 주가지수 사이의 상관관계의 상관계수는 0.118 정도로 낮은 수준을 보였다. 동일한 기간에 다른 대표적인 업종으로 살펴보아도 상관성(correlation)이 높지 않았다. 이는 <그림 1-10>의 그래프에서도 확인해 볼 수 있다.

앞에서 제시된 결과는 기간에 따라서 다른 양상도 나타날 수 있고 수준변수 (level variables)가 아니라 증가율과 성장률 등에 따라 결과 값에서 많은 차이가 존재할 수 있다. 여기서 살펴본 것은 한국과 미국의 거시경제정책과 동조성, 금리정책, 산업정책의 효과성 및 업종까지와 관련된 것이다.

일반적인 투자자들은 매일 발표되는 미국 뉴욕증시와 뉴스, 각종 증권관련 정보 등에서 주가 동향의 흐름을 살펴보는 것이 일상일 수 있다. 여기서 제시된 적어도 월별 자료를 통해서는 국내 경기가 가장 중요한 변수이고, 그 다음이 미국 증시 그리고 금리정책과 같은 금융변수들임을 알 수 있다.

미국의 대표적인 기관투자자들은 가치투자 혹은 장기투자 등을 통하여 저평가된 주식을 발굴하여 장기간에 걸쳐서 수익을 제고시키는 것을 알 수 있다. 물론 개인 투자자들이 약간의 돈으로 투자를 하고 이사 혹은 자녀들 학자금과 같은 필요에 따라 다시 찾기도 하는 일상적인 분위기에서는 쉽지는 않은 것이 현실이다.

어쨌든 돈이 되는 재테크 중에서 금융 분야 중에서는 주식에 있어서 적어도 월별 이상에서는 거시경제변수(macroeconomics)의 흐름을 잘 읽어야 함을 결론적으로 알 수 있는 것이다. 그러면 한국의 경기순환(business circulation)에서 현재가 호황일지 혹은 불황일지에 대하여 고려해 보는 것도 중요할 것으로 판단된다. 통계청 자료 (2019년 1월 19일 기준)를 살펴보면, 제11순환 국면이 경기순환 상 진행되고 있는 것으로 파악되고 있다.

한국의 경우 통계청을 통하여 2018년 8월에 해당하는 경기순환의 시계기준 상 (2018년 11월 5일) 설비투자지수와 건설기성액, 앞서 살펴본 기업경기실사지수 및 소비자기대지수, 서비스업생산지수 등에서 좋지 않은 모습을 보인다고 국회에서 발표된 바 있다.

그러면 한국 경제에 영향을 주는 미국과 일본의 경제예측(economic forecast)은 어떨까? 대체로 적어도 2020년 이후 경기가 위축될 수 있음을 각종 경제 전문기관에서 내다보고 있다.

여기서부터는 일별 단위의 실제 개인투자자들에 있어서 기업단위의 투자의 경우 개별 기업의 위험(risk)과 투자의사결정 방향 등과 미시경제적 판단이 개입되어야 하고, 재무학적으로 기본적 분석 및 기술적 분석 등 실제 투자와 관련해서는 보다 세밀한 접근도 필요할 것으로 판단된다.

한국의 가장 대표적인 업종에서 기업단위 투자에서 2016년 이후 매매에 따른 자본이득(capital gain)을 얻을 수 있는 이유는 무엇일까? 그 기업의 대표적인 의사결정자는 대표적인 제품의 가격이 하강국면일 수 있음을 2019년 1월 17일 시점에서 발표되고 있다. 따라서 한국에서 대표적인 기업의 투자에 의하여 안정성도 상대적으로 다른 주식에 대한 투자보다는 확보되면서 수익률도 극대화할 수 있었던 것은 가격변동(price fluctuation)에 따른 변동(price cycle) 또는 가격순환성으로 판단된다. 이와 같은 제품가격의 동향을 파악해 볼 수 있는 지표는 무엇이 있을까?

국제 원자재시장에서 가격형성과 관련된 기초경제의 여건의 변화에 주목할 필요성이 있다. 이는 향후 미국과 중국 등 주요 국가에서 경기하강 국면에 진입할 경우 공급과잉(excess supply)에 직면할 가능성과 연결되는 것이다.

통계분석은 주제가 상당히 넓은 범위에 걸쳐 있고 또한 다양한 분야에서 응용되는 특징을 지니고 있다. 통계학과 관련하여서는 정보에 의하여 시작되고 결론 내리는 과정상에 있어서 데이터(data)를 수집하고 분석하는 프로세스(process)를 거치게 된다. 그리고 단순한 데이터에 대하여 생성된 대로 결론이 내려지는 것이 아니라 이 데이터에 대하여 어떻게 해석해야 하는지와 이 데이터의 해석을 기업의 경영 최고의사결정자(top management)에게 어떻게 이해하기 쉽게 제공해야 하는지와 연결된다. 그리고 재테크 통계에 관심이 있는 일반 투자자들에게도 어떻게 이해하는지와 관련하여 도표나 기타 등 알기 쉽게 제공해야 하는 과제도 가지고 있다. 이와 같은 통계적인 방법론은 수학분야의 전문가뿐만 아니라 경우에 따라 관련 분야의 과학자들의 세부적인 지식을 필요로 하기도 한다. 따라서 통계의 영역과 범주는 매우 다양하고 복잡하게 이루어지며 결론에 이를 때에는 알기 쉽고 이해하기 쉽게 하는 작업까지 포함되는 것이다. 그리고 이와 같은 것이 이루어지도록 처음 설계의 단계부터 구체적으로 잘 이루어져야 한다. 이에 따라 설문조사를 할 경우 어떤 대상으로 할 것인지 예를 들어 전문가 집단을 대상으로 하는 델파이 분석기법을 활용할 것인지 등에 대하여 잘 준비해 나가야 하는 것이다.

한국의 가장 대표적인 기업의 경우 인덱스형 지수와 같이 한국 KOSPI지수에 있어서 가장 큰 비중을 차지하고 흐름도 또한 동일하게 움직인다고 하여도 과언이 아닌 상황이다. 그러면 한국 KOSPI지수의 흐름과 같이 2017년도 말을 단기적인 고점상황으로 보고 매도 후 다른 주식에 대하여 관심을 가지는 것이 현명한 전략이었을까?

이는 WACC(weighted average cost of capital)로 알려져 있는 가중된 자본의 평균비용으로 살펴볼 경우에 이러한 전략이 타당할지 파악해 볼 필요가 있다. 이 수치는 기업 자본비용인 부채(debt)와 보통주 및 우선주, 그리고 유보이익 등과 같은 값을 시장의 가치기준으로 각각의 자료가 총자본에서 차지하고 있는 가중치(weighted)인 자본의 구성 비율로 가중하여 평균값을 구한 것을 나타낸다.

또 다른 한편으로 WACC는 미래의 현금흐름을 뜻하는 FCF(future cash flow) 및 잔존가치에 대한 현재가치(present value)를 계산하는 경우 이용하는 할인율(discount rate) 개념이다. 즉 WACC의 값이 크면 클수록 기업의 가치는 하락하는 구조를 갖게 된다.

소비자동향조사(한국은행, 전국)(월)(2008년 7월부터 2018년 12월) 중 현재생활형편 CSI 및 현재경기판단 CSI 전체 기준의 동향

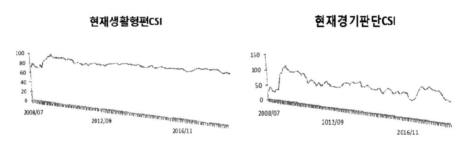

현재생활형편CSI   현재경기판단CSI

<그림 1-11>에는 소비자동향조사(한국은행, 전국)(월)(2008년 7월부터 2018년 12월) 중 현재생활형편 CSI 및 현재경기판단 CSI 전체 기준의 동향이 나타나 있다. 이 자료는 한국은행(Bank of Korea)에서 제공하는 경제통계와 관련된 시스템(인터넷 홈페이지)을 통하여 입수한 것이다.

전형적으로 거시경제 분석은 국가의 생산체계와 소득 및 가격 결정요인들에 초

점이 맞춰줘 있다. 그리고 이들 변수들은 민간 소비와 통화 수요에 영향을 주게 된다. 이와 관련하여 부(자산) 효과는 주로 네 가지 형태를 통하여 경제활동에 영향을 미치고 있는 것으로 알려져 있다. 첫째, 앞에서도 지적한 바와 같이 소비와 연결된다는 것이다. 둘째, 투자에 대한 토빈에 의한 Q효과와 관련된다는 것이다. 즉 이는 자산가격의 상승과 자본비용의 감소가 이루어지면 투자활성화에 도움이 된다는 측면이다. 일반적으로 투자에 대한 토빈에 의한 Q효과는 기대이윤(expected profit)을 설비자금의 조달비용에 의하여 나누어 계산한다. 이것의 비율에 대하여 1 미만인 경우 자산에 대하여 효율성(efficiency)이 떨어진 것으로 판단한다. 셋째, 신용창출 경로이다. 이는 가계와 기업의 담보의 가치의 상승과 역의 선택 문제 감소, 투자에 따른 위험의 감소가 이루어지면 부(자산) 효과가 발생한다는 것이다. 넷째, 민간 소비 심리에 있어서의 회복이 이루어지면 부(자산) 효과가 발생한다는 측면이다. 한편 토빈에 의한 Q효과가 장기적으로 경제성장(economic growth)과 그리고 소비에 있어서 양(+) 또는 음(−)의 관계인지와 관련하여서는 많은 논의가 이어지고 있다.

<그림 1−12>에는 한국 현재생활형편 CSI(좌축)과 한국 KOSPI 주가지수(우축)의 각각 2008년 7월부터 2018년 12월 사이의 동향이 나타나 있다. 이 자료는 한국은행(Bank of Korea)에서 제공하는 경제통계와 관련된 시스템(인터넷 홈페이지)을 통하여 입수한 것이다. 2008년 7월부터 2018년 12월까지의 한국 현재생활형편 CSI와 한국 KOSPI 주가지수의 상관계수를 살펴보면, 0.612를 나타내 상관성이 있는 것을 알 수 있다.

앞에서 유럽의 경우 주식과 펀드(뮤추얼)의 경우 부(자산)의 효과가 강하게 나타나고 있음을 알 수 있었다. 따라서 소비심리에 있어서의 회복이 이루어지면 한국의 경우에도 부(자산)의 효과가 발생할 수 있다는 것도 고려해 볼 수 있다. 이는 <그림 1−12>의 소비심리를 의미하는 현재생활형편 CSI와 한국 KOSPI 주가지수의 상관계수에서 알아볼 수 있었다. 이는 소비심리와 금융자산 중 주가와 부(자산) 효과의 현실화로 연계하여 고려해 볼 수 있다는 측면이다.

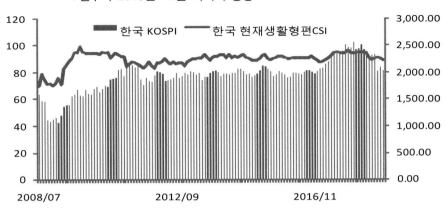

그림 1-12 한국 현재생활형편CSI(좌축)과 한국 KOSPI 주가지수(우축)의 각각 2008년
7월부터 2018년 12월 사이의 동향

<그림 1-13>에는 한국 현재경기판단CSI(좌축)과 한국 KOSPI 주가지수(우축)의 각각 2008년 7월부터 2018년 12월 사이의 동향이 나타나 있다. 이 자료는 한국은행(Bank of Korea)에서 제공하는 경제통계와 관련된 시스템(인터넷 홈페이지)을 통하여 입수한 것이다.

그림 1-13 한국 현재경기판단CSI(좌축)과 한국 KOSPI 주가지수(우축)의 각각 2008년
7월부터 2018년 12월 사이의 동향

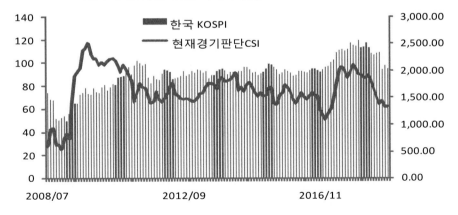

2008년 7월부터 2018년 12월까지의 한국 현재경기판단 CSI와 한국 KOSPI 주가지수의 상관계수를 살펴보면, 0.326을 나타내어 한국 현재생활형편 CSI과 한국 KOSPI 주가지수 사이의 상관성보다 낮은 것을 알 수 있다.

한편 제품을 구성하고 있는 원자재에 대한 수요를 통하여 제품가격의 변동 주기를 판단하는 연구가 지속되고 있지만 원자재에 대한 수요가 제품가격의 변동 주기에 대하여 정확하게 일치하여 신뢰성(reliability)이 있는 데이터를 수집하는데 애로사항이 있다.

이와 같이 입수가 어렵거나 정확한 통계량을 취득하기가 어려운 것이 통계분석 또는 통계학이 당면하고 있는 과제이다. 한편 이와 같이 수집하는 통계량에 있어서 미리 생각해 두어야 하는 것은 수집하여야 하는 수량과 종류부터 자료에 대한 구성 및 분석, 결론 도출, 요약으로 이어지게 된다. 그리고 분석에 따른 결론의 한계점 등에 대하여도 제시하여야 한다.

한편 통계분석의 결과를 한국의 가장 대표적인 기업의 재무 데이터를 통하여 설명하면 다음과 같다. 한국의 가장 대표적인 기업의 WACC의 경우 2013년과 비교할 때 2015년까지 지속적인 하락추세를 보이고, 이 기업의 기업가치(firm value)가 상승 가능성이 커지면서 2016년에 이르러 본격적으로 하반기 이후 상승 추세를 기록한 것으로 나타났다. 2017년 들어 WACC의 수치가 큰 폭으로 상승하여 이 기업의 주가흐름에 부담요인이 요인이 되었을 가능성이 크다는 점도 고려해 볼 수 있다.

제2절 | 금융 및 부동산 부(자산) 효과

가계들에 있어서 소비는 자산인 부를 의미하는 주식, 예금 등의 금융자산을 포함하여 부동산과 같은 실물자산을 비롯하여 가계 소득 등에 의하여 결정되는 것으로 알려져 있다. 이와 같은 자산 구성요소들의 가격이 상승하면 일반적으로 가계들의 소비에 대하여 양(+)의 영향을 미칠 수 있음을 그동안의 연구결과들에서 나타나고 있다.

한편 토빈의 Q이론은 주식시장의 현재 상황에 대하여 평가함에 있어서 흔히 사용되고 있다. 주식시장과 관련하여서는 유럽의 경우 부(자산) 효과가 긍정적으로 나타났음을 앞에서 과거 연구들을 토대로 제시하였다. 그리고 토빈의 Q이론은 투자함수와도 관련되어 있기도 하다.

그림 1-14 금융자산과 부동산, 가계 소득 등의 부(자산) 효과와 가계 소비의 연계도

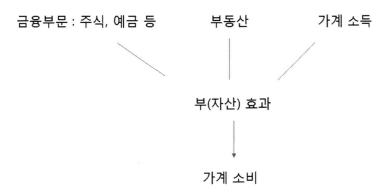

금융부문 : 주식, 예금 등   부동산   가계 소득

부(자산) 효과

가계 소비

그림 1-15 미국의 NASDAQ 주가지수(1980년 1월~2018년 12월)와 Euro STOXX (1987년 1월~2018년 12월)의 동향

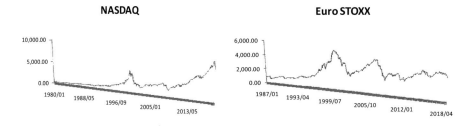

<그림 1-15>에는 미국의 NASDAQ 주가지수(1980년 1월~2018년 12월)와 Euro STOXX지수(1987년 1월~2018년 12월)의 동향이 나타나 있다. 미국의 NASDAQ 주가지수 단위는 1971.2.5＝100이고, Euro STOXX지수의 단위는 1989.12.29＝ 1000이다. 이 자료는 한국은행(Bank of Korea)에서 제공하는 경제통계와 관련된 시스템(인터넷 홈페이지)을 통하여 입수한 것이다.

한국 KOSPI 주가지수(1980년 1월~2018년 12월)와 미국의 NASDAQ 주가지수

(1980년 1월~2018년 12월)의 상관관계의 상관계수를 살펴보면, 한국 KOSPI 주가지수
와 미국의 Dow Jones 주가지수보다 약간은 낮지만 거의 비슷한 0.834의 높은 수치
를 보이고 있다. 잘 알려진 사실대로 미국의 Dow Jones 주가지수보다 미국의
NASDAQ 주가지수의 경우 기술주 위주로 보다 더 편성되고 포함되어 있는 것으로
알려져 있다.

한편 한국 KOSPI 주가지수(1987년 1월~2018년 12월)와 유럽의 Euro STOXX 주
가지수(1987년 1월~2018년 12월)의 상관관계의 상관계수를 살펴보면, 한국 KOSPI 주
가지수와 미국의 Dow Jones 주가지수 및 미국의 NASDAQ 주가지수와 달리 0.404
의 비교적 낮은 상관관계를 보이고 있음을 알 수 있다.

표 1-1　한국 KOSPI 주가지수(1980년 1월~2018년 12월)와 미국의 주요 주가지수
(1980년 1월~2018년 12월) 상관관계의 상관계수

주 제	상관계수
한국 KOSPI 주가지수와 미국의 Dow Jones 주가지수	0.875
한국 KOSPI 주가지수와 미국의 Dow Jones 주가지수	0.834

그림 1-16　한국 KOSPI 주가지수(1980년 1월~2018년 12월, 우축)와 미국의
NASDAQ 주가지수(1980년 1월~2018년 12월, 좌축)의 동향

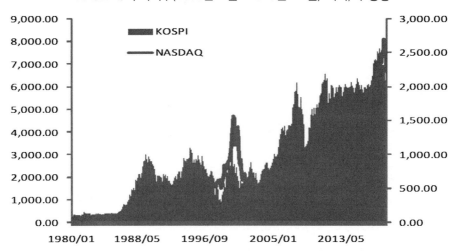

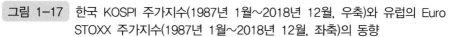

그림 1-17 한국 KOSPI 주가지수(1987년 1월~2018년 12월, 우축)와 유럽의 Euro STOXX 주가지수(1987년 1월~2018년 12월, 좌축)의 동향

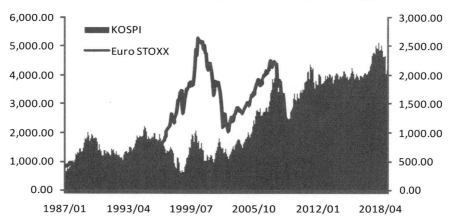

<그림 1-16>에는 한국 KOSPI 주가지수(1980년 1월~2018년 12월, 우축)와 미국의 NASDAQ 주가지수(1980년 1월~2018년 12월, 좌축)의 동향이 나와 있다. 그리고 <그림 1-17>에는 한국 KOSPI 주가지수(1987년 1월~2018년 12월, 우축)와 유럽의 Euro STOXX 주가지수(1987년 1월~2018년 12월, 좌축)의 동향이 나와 있다. 이 자료는 한국은행(Bank of Korea)에서 제공하는 경제통계와 관련된 시스템(인터넷 홈페이지)을 통하여 입수한 것이다. 앞서 살펴본 바와 같이 그래프 상에서도 한국 KOSPI 주가지수와 미국의 NASDAQ 주가지수의 움직임이 한국 KOSPI 주가지수와 유럽의 Euro STOXX 주가지수보다 밀접한 움직임(movement)을 보이고 있다.

<그림 1-18>에는 한국의 소비자물가지수(1965년 1월~2018년 12월)와 유로지역의 소비자물가지수(1996년 1월~2018년 12월)의 동향이 나와 있다. 한국과 유로지역의 소비자물가지수의 단위는 모두 2015=100이다. 이 자료는 한국은행(Bank of Korea)에서 제공하는 경제통계와 관련된 시스템(인터넷 홈페이지)을 통하여 입수한 것이다. 그래프 상에서 살펴보면 시계열(time series) 상 한국의 소비자물가지수의 움직임이 유로지역의 소비자물가지수보다 상승 폭이 더 컸음을 알 수 있다.

그림 1-18 한국의 소비자물가지수(1965년 1월~2018년 12월)와 유로지역의 소비자
물가지수(1996년 1월~2018년 12월)의 동향

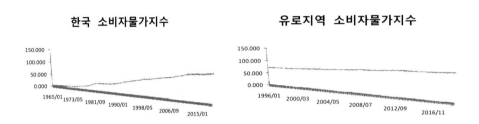

<그림 1-19>에는 한국의 소비자물가지수(1980년 1월~2018년 12월, 좌축)와
한국 KOSPI 주가지수(1980년 1월~2018년 12월, 우축)의 동향이 나와 있다. 그리고
<그림 1-20>에는 유로지역의 소비자물가지수(1996년 1월~2018년 12월, 좌축)와 유
럽의 Euro STOXX 주가지수(1996년 1월~2018년 12월, 우축)의 동향이 나와 있다. 이
자료는 한국은행(Bank of Korea)에서 제공하는 경제통계와 관련된 시스템(인터넷 홈페
이지)을 통하여 입수한 것이다.

그림 1-19 한국의 소비자물가지수(1980년 1월~2018년 12월, 좌축)와 한국 KOSPI
주가지수(1980년 1월~2018년 12월, 우축)의 동향

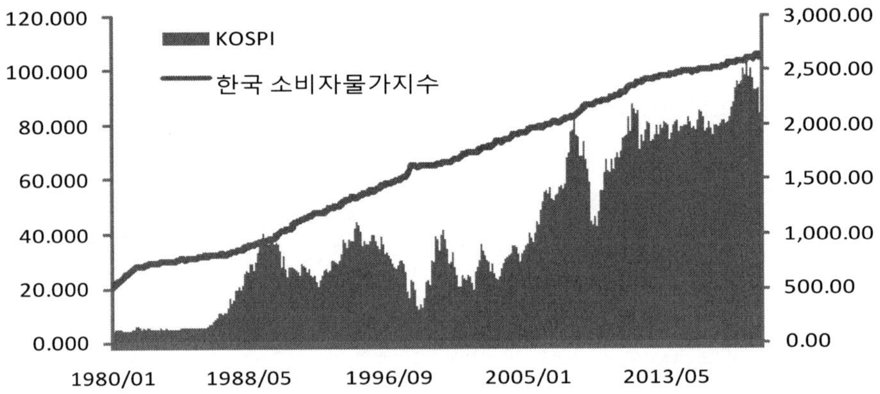

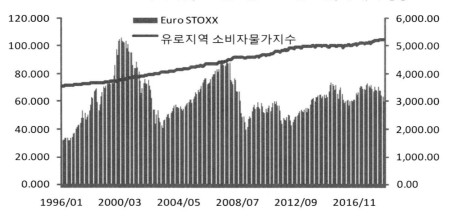

그림 1-20
유로지역의 소비자물가지수(1996년 1월~2018년 12월, 좌축)와 유럽의 Euro STOXX 주가지수(1996년 1월~2018년 12월, 우축)의 동향

　　<그림 1-19>과 <그림 1-20>에서의 그래프와 동일한 기간 동안의 각각의 상관계수는 한국의 소비자물가지수와 한국 KOSPI 주가지수가 0.904로 상당히 높은 수치를 보이고 있다. 반면에 유로지역의 소비자물가지수와 유럽의 Euro STOXX 주가지수 사이에는 −0.027의 유의성이 없는 상관계수의 값을 나타내고 있다. 이는 그래프 상에서도 한국의 소비자물가지수와 한국 KOSPI 주가지수는 우상향의 추세치(trend)를 보이고 있음으로 하여 판단해 볼 수 있다. 한편 유로지역의 소비자물가지수와 유럽의 Euro STOXX 주가지수의 그래프 상에서 살펴보면 유로지역의 소비자물가지수는 한국보다는 완만하게 우상향하는 모습을 나타내고 있지만 유럽의 Euro STOXX 주가지수는 일정한 추세치를 나타내지 못하고 평균값을 중심으로 변동하는 모습을 나타내고 있다. 유럽의 Euro STOXX 주가지수의 1996년 1월~2018년 12월 사이의 수익률 즉 평균값은 3,154.689이었으며, 변동성과 위험은 767.011이었다. 그리고 이 기간 동안에 최고의 값은 2000년 4월에 5,303.95이었으며, 최저의 값은 1996년 7월의 1,590.93이었다. 따라서 평균값인 3,154.689을 중심으로 변동성을 보이고 뚜렷한 상승추세나 하락추세보다는 평균값을 중심으로 변동성을 지속한 이후 최근 평균값을 중심으로 살펴볼 때 상향추세를 나타내고 있는 것을 알 수 있다.

　　통계분석에 있어서 엑셀(Microsoft Excel)을 이용할 경우 예를 들어, I1부터 I10

까지 10개의 데이터(data)를 분석한다고 할 때 AVERAGE(I1 : I10)과 같이 입력을 하면 범위 안에 평균값을 찾을 수 있게 된다. 이는 엑셀 창의 맨 위에 나와 있는 수식에서 fx 함수삽입에서 범주 선택으로 하여 AVERAGE를 찾아 실행할 수 있다. 이와 같은 평균값은 투자할 때 고려하는 수익률(yield)의 개념에 해당한다.

　　또한 수익률과 반대적인 개념을 가지는 위험(risk)관련 표준편차(Standard Deviation)인 변동성(volatility)은 다음과 같다. 예를 들어, I1부터 I10까지 10개의 데이터(data)를 분석한다고 할 때 STDEV(I1 : I10)과 같이 입력을 하면 범위 안에 위험인 변동성의 값을 찾을 수 있게 된다. 이는 엑셀 창의 맨 위에 나와 있는 수식에서 fx 함수삽입에서 범주 선택으로 하여 STDEV를 찾아 실행할 수 있다.

　　<그림 1-19>를 토대로 살펴보면, 한국의 경우 KOSPI 주가지수의 상승에 따른 부(자산)의 효과를 기대해 볼 수 있는 것으로 판단된다. 이는 결국 금융시장의 안정이 기업들에 대한 자금공급의 원활화로 연결되어 경제성장(economic growth)에 도움으로 연결될 수 있기 때문이다. 이는 곧 소비의 활성화로 연결되고 물가 상승으로 소비자물가지수에도 상승 압력으로 작용하게 되는 순환구조를 고려해 볼 수 있기 때문이다. 다음 식(1)과 같은 지출국민소득을 통하여 유추해 볼 수 있다.

$$Y(\text{국내총생산})\uparrow = C(\text{소비})\uparrow + I(\text{투자}) + G(\text{정부지출}) + \\ X(\text{수출}) - M(\text{수입}) \tag{1}$$

그림 1-21 　한국의 국내총투자율(1953년~2017년)과 유로지역의 국내총투자율(1995년~2017년)의 동향

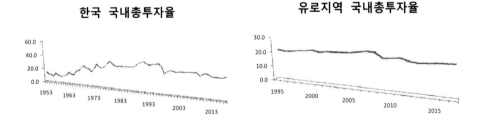

<그림 1-21>에는 한국의 국내총투자율(1953년~2017년)과 유로지역의 국내

총투자율(1995년~2017년)의 동향이 나와 있다. 한국의 국내총투자율과 유로지역의 국내총투자율의 단위는 모두 %이며, 연간 데이터로 구성된 것이다. 이 자료는 한국은행(Bank of Korea)에서 제공하는 경제통계와 관련된 시스템(인터넷 홈페이지)을 통하여 입수한 것이다.

　　이 자료를 보면 한국의 1990년대까지 완만하게 국내총투자율이 상승추세를 보인 이후 완만하게 하락하고 다시 그 이후에는 별다른 변동이 없는 것으로 나타나고 있다. 한편 유로지역의 국내총투자율의 경우에도 1995년대 이후 큰 변동이 없는 것을 알 수 있다.

　　<그림 1-22>에는 한국 KOSPI 주가지수(1980년~2017년, 우축)와 한국 국내총투자율(1980년~2017년, 좌축)의 동향이 나와 있다. 그리고 한국 KOSPI 주가지수의 단위는 1980.1.4=100이고, 한국 국내총투자율의 단위는 연간 데이터의 %이다.

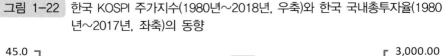
그림 1-22　한국 KOSPI 주가지수(1980년~2018년, 우축)와 한국 국내총투자율(1980년~2017년, 좌축)의 동향

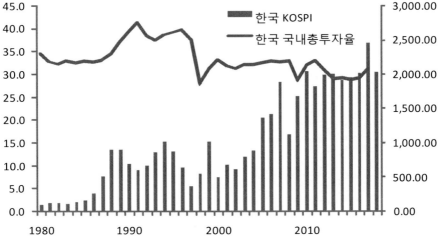

　　<그림 1-23>에는 유럽의 Euro STOXX 주가지수(1995년, 우축)와 유로지역의 국내총투자율(1995년, 좌축)의 동향이 나와 있다. 유럽의 Euro STOXX 주가지수의 단위는 1989.12.29=1000이며, 유로지역 국내총투자율의 단위는 연간 데이터의

%이다. <그림 1-22>와 <그림 1-23>의 자료는 한국은행(Bank of Korea)에서 제공하는 경제통계와 관련된 시스템(인터넷 홈페이지)을 통하여 입수한 것이다.

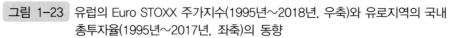

그림 1-23 유럽의 Euro STOXX 주가지수(1995년~2018년, 우축)와 유로지역의 국내 총투자율(1995년~2017년, 좌축)의 동향

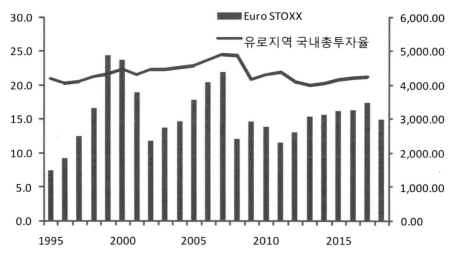

그리고 <그림 1-22>에서 한국 KOSPI 주가지수와 한국 국내총투자율의 상관계수(correlation coefficient)는 -0.402이고, <그림 1-23>에서 유럽의 Euro STOXX 주가지수와 유로지역의 국내총투자율의 상관계수는 0.344인 것으로 나타났다. 따라서 부(투자) 효과는 한국과 유럽에서 통계적으로 유의성이 있게 나타나지 않고 있음을 알 수 있다.

<그림 1-24>에는 한국 소비자물가지수(1965년~2018년, 우축)와 한국 국내총투자율(1996년~2017년, 좌축)의 동향이 표기되어 있다. 한국 소비자물가지수의 단위는 2015＝100이고, 한국 국내총투자율의 단위는 %이며 모두 연간 데이터이다.

그리고 <그림 1-25>에는 유로지역 소비자물가지수(1996년~2018년, 좌축)와 한국 국내총투자율(1996년~2017년, 우축)의 동향이 표기되어 있다. 유로지역 소비자물가지수의 단위는 2015＝100이고, 유로지역 국내총투자율의 단위는 %이며 모두 연간데이터이다. 이 자료들은 한국은행(Bank of Korea)에서 제공하는 경제통계와 관련된 시스템(인터넷 홈페이지)을 통하여 입수한 것이다.

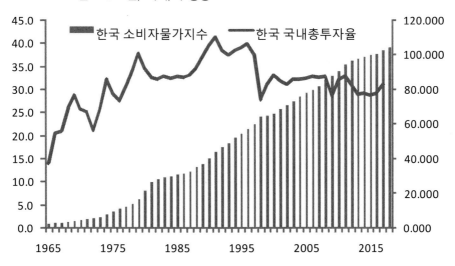

그림 1-24 한국 소비자물가지수(1965년~2018년, 우축)와 한국 국내총투자율(1996
년~2017년, 좌축)의 동향

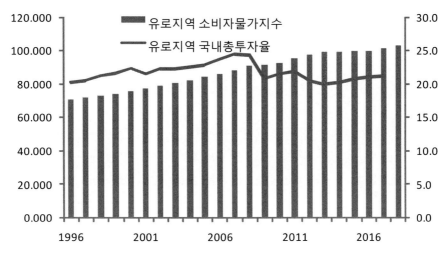

그림 1-25 유로지역 소비자물가지수(1996년~2018년, 좌축)와 한국 국내총투자율
(1996년~2017년, 우축)의 동향

<그림 1-24>에서 한국 소비자물가지수와 한국 국내총투자율의 상관계수(correlation coefficient)는 0.293이고, <그림 1-25>에서 유로지역 소비자물가지수와 유로지역 국내총투자율 상관계수는 -0.151인 것으로 나타났다. 따라서 부(투자)에 따른 소비증가로의 연결성(relationship)은 한국과 유로지역에서 통계적으로 뚜렷한 증거를 찾기 어렵다는 것을 알 수 있다. 한편 상관관계의 상관계수에 양(+)의 수치는 양의 상관관계로 같은 방향으로 움직이는 경향을 의미하고, 음(-)의 수치는 반대방향으로 움직이고 있음을 나타내고 있다.[2]

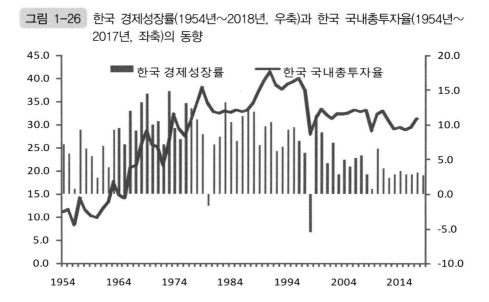

그림 1-26 한국 경제성장률(1954년~2018년, 우축)과 한국 국내총투자율(1954년~2017년, 좌축)의 동향

<그림 1-26>에는 한국 경제성장률(1954년~2018년, 우축)과 한국 국내총투자율(1954년~2017년, 좌축)의 동향이 표기되어 있다. 그리고 <그림 1-27> 유로지역 경제성장률(1996년~2017년, 우축)과 유로지역 국내총투자율(1996년~2017년, 좌축)의 동향이 표기되어 있다. 이들 자료들의 단위는 모두 %이며 모두 연간 데이터이다. 또한 이 자료들은 한국은행(Bank of Korea)에서 제공하는 경제통계와 관련된 시스템

---

2) Bank of International Settlements(1995), Issues of Measurement Related to Market Size and Derivatives Market Activity, Basel, pp. 1-2.

제1편 2016년 이후 한국 대표기업 부(금융) 효과

(인터넷 홈페이지)을 통하여 입수한 것이다. <그림 1-26>에서 한국 경제성장률과 한국 국내총투자율의 상관계수(correlation coefficient)는 0.115이고, <그림 1-27>에서 유로지역 경제성장률과 유로지역 국내총투자율 상관계수는 0.298인 것으로 나타났다. 따라서 부(투자)에 따른 소비증가로의 연결성(relationship)이 한국과 유로지역에서 통계적으로 뚜렷한 증거를 찾기 어렵다는 것을 알 수 있었던 것과 함께 투자증가에 따른 국내총생산 활성화에 따른 소비증가로의 연결성도 이 자료들만 가지고는 추론하기 쉽지 않다. 이는 식(2)에서 지출국민소득의 경우로 하여 판단해 볼 수 있다.

$$Y(\text{국내총생산}) \uparrow = C(\text{소비}) + I(\text{투자}) \uparrow + G(\text{정부지출}) + \\ X(\text{수출}) - M(\text{수입})$$
(2)

그림 1-27   유로지역 경제성장률(1996년~2017년, 우축)과 유로지역 국내총투자율 (1996년~2017년, 좌축)의 동향

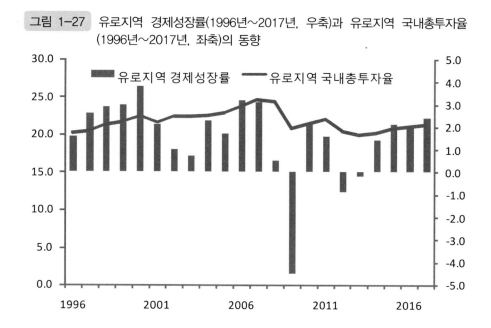

따라서 계량경제학(econometrics) 분야에서는 VAR(Vector Autoregressive) 또는 VECM(Vector Error Correction)모형을 구성하여 그랜져 인과성((Granger Causality) 분석으로 인하여 어떠한 하나의 설명변수가 종속변수(dependent variable)의 미래 치에

영향력을 가질 것인지 귀무가설(Hypothesis) 분석을 실시하여 파악해 볼 수 있다.

표 1-2 통계학의 적용과 통계처리 과정

정 의	구 성
통계학의 적용	숫자에 의한 도표, 그래프보다 명확한 정보 제공
	범주와 수치들에서 정보획득에 의한 학문의 실천적 적용
	수집하는 데이터의 양과 종류
	데이터의 구성과 요약
	데이터의 분석과 결론 도출과정
	결론에 의한 보고서 작성 및 결과의 불확실성에 대한 평가
통계처리 과정	설계(디자인) : 계획 설립과 적용
	설명의 과정 : 데이터에 대한 요약과정과 탐색의 수행
	추론의 과정 : 데이터에 의한 현상의 예측 및 일반화로의 진행
	불확실성에 대한 처리과정과 이러한 사건들에 대한 프로세스 과정 수행
	적용 사례 : 소비자들의 TV광고에 따른 반응분석, 의료에 의한 치료효과, 성별을 포함한 결혼관에 있어서의 청년층의 태도에 의한 변화가능성 분석, 실업률에 있어서 다음해에 대한 예측(prediction), 제품에 대한 품질향상 방법의 모색에 따른 기술적 적용, 농업에 있어서 새 종자의 개발과 비료의 적정사용량, 의학적으로 치료물질의 복용량 정도에 대한 정보 제공, 정치적인 여론조사의 과정과 정확성

소비에 영향을 미치는 것이 가격메커니즘(price mechanism)인 것은 주지의 사실이다. 그런데 1980년대 이후 상품 분야에 있어서 가격이 오른 것은 대부분 에너지 및 귀금속과 관련된 것이었다.

세계 경기순환(business circulation)을 살펴보면, 미국의 내전과 1차 및 2차에 걸친 세계전쟁 그리고 과거에 한동안 지속된 인플레이션 현상, 냉전현상 그리고 미국의 대공황 등이 가장 큰 영향을 주었다.

또한 산업혁명을 비롯한 2000년 이후 인터넷혁명에 따른 변화가 가격의 변화에 큰 영향을 나타냈다. 1910대 이후에 들어 기계화에 따른 영향과 그리고 생산과정에 있어서 프로세스의 변화가 상품가격의 구조적인 하향 조정을 이끌었다. 또한 원유가격의 안정이 산업에 있어서 가격을 안정화시키는 것에도 영향을 주었다.

이와 같은 역사적인(historical) 변화에서 비롯된 것을 검토할 때 현 시대에는 4차 산업혁명과 관련된 분야에서 가장 높은 성과(performance)가 나오는 기업군이 존재할 것이라는 것은 추론하기 어렵지 않다. 그리고 이와 같은 기업에서 주식투자에 따른 수익률도 가장 높을 것이라는 것도 쉽게 고려해 볼 수 있는 투자와 관련된 요소이다.

한국의 대표적인 IT기업의 사례를 대입해 볼 경우에 있어서 2016년 상승기와 2017년 고점 형성 및 이후의 주식투자자의 향방에 대한 재무적인 투자접근법은 무엇인가에 대하여 살펴보기로 한다.

즉 WACC의 상승이 실현되어도 ROIC으로 불리는 투하자본의 이익률이 오르면 기업의 가치는 상승하는 것으로 알려져 있다. 이와 같은 투하자본의 이익률은 기업의 실제적인 영업활동으로 투입된 자산에 의하여 영업이익이 얼마나 발생하였는지를 알려주는 지표이다.

WACC를 하락시킬 수 있는 요인은 재무구조의 변경이 있을 수밖에 없는데 이것이 이루어져도 투자자들에게 효과적으로 알려지기 위해서는 앞서 지적한 바와 같이 통계적인 방법론을 통하여야 한다.

연습 문제

01 유럽의 경우 주택가격의 상승에 따른 부(자산) 효과와 금융자산에 의한 부(자산)의 효과에 대하여 설명하시오.

▌ 정답 ▐

주택가격의 상승에 따른 부(자산) 효과가 유럽의 경우 크지 않은 것으로 나타나고 있다. 소비의 성장추세는 비교적 지속되는 성향을 갖고 소비상승에 대한 충격에 대하여 느린 반응을 나타내는 것으로 알려져 있다. 그러면 금융자산에 의한 부(자산)의 효과는 어떤 가? 특히 통화와 예금을 비롯한 주식과 펀드(뮤추얼)의 경우 부(자산)의 효과가 강하게 나타나고 있다. 이는 소비의 경우 금융부문의 부채문제와 특히 주택담보부의 대출에 있어서 매우 민감하게 반응하고 있는 것으로 나타나고 있다. 따라서 부(자산)의 효과가 긍정적으로 나타나기 위해서는 금융부문의 가계부채 문제의 안정 특히 주택가격 안정이 중요할 것으로 판단된다.

02 미국과 중국의 주식투자와 경제, 원자재와 관련한 중요성은 수요와 공급의 법칙에 의하여 무엇일지 설명하시오.

▌ 정답 ▐

직접적인 시장의 주식투자에서 개인이든 기관투자자들이든 간에 있어서 원자재의 가격의 움직임 경우 가장 중요한 것은 기초자산과 관련된 것이다. 이는 공급의 부족사태가 적어도 2019년까지 지속되는 것이 '어떤 재화인가?'를 지켜보는 것이 가장 중요한 것이고, 이는 수요와 공급의 법칙에 의하여 설명되는 가격 메커니즘을 통하여 이루어지기 때문이다. 이와 같은 측면에서 살펴보면 미국을 비롯하여 중국의 경우 당분간 원자재와 관련하여 수요를 지속적으로 창출해 나갈 수 있는 대표적인 국가들이다. 따라서 당분간 한국의 경우에 있어서도 이들 두 국가들의 경제성장률(economic growth rate)의 흐름을 주시할 필요가 있다.

03 금융에 있어서 중요한 주식시장에서 2016년 이후 한국의 흐름이 왜 중요해졌을까? 이것과 관련된 주요 요인변수들은 무엇일지 설명하시오.

▌ 정답 ▌

한국의 주식시장에는 대외 의존도가 높은 국내 경제(domestic economy)의 특성상 미국의 주식시장(stock market)에 전적으로 의존을 하고 있을까? 또는 미국의 경제상황(economic situation)에 주로 의존하고 있을까? 국내 거시경제(macroeconomics) 정책에 따른 영향일까? 아니면 국내 산업정책(industry policy)에 의한 것일까? 그것도 아니면 국내 대표적인 기업의 흐름에 주로 의존을 하고 있을까? 이와 같이 여러 가지 흐름에 대하여 일반투자자라면 한번쯤은 생각해 보아야 하는 테마(theme)들이다.

04 통계분석에 있어서 엑셀(Microsoft Excel)을 이용할 경우 최고의 값을 구하는 방식은 무엇일지 설명하시오.

▌ 정답 ▌

통계분석에 있어서 엑셀(Microsoft Excel)을 이용할 경우 예를 들어, I1부터 I10까지 10개의 데이터(data)를 분석한다고 할 때 MAX(I1 : I10)과 같이 입력을 하면 범위 안에 최고의 값을 찾을 수 있게 된다. 이는 엑셀 창의 맨 위에 나와 있는 수식에서 fx 함수삽입에서 범주 선택으로 하여 MAX를 찾아 실행할 수 있다.

05 통계분석에 있어서 엑셀(Microsoft Excel)을 이용할 경우 최저의 값을 구하는 방식은 무엇일지 설명하시오.

▌ 정답 ▌

예를 들어, I1부터 I10까지 10개의 데이터(data)를 분석한다고 할 때 MIN(I1 : I10)과 같이 입력을 하면 범위 안에 최저의 값을 찾을 수 있게 된다.

06 통계분석에 있어서 엑셀(Microsoft Excel)을 이용할 경우 상관계수(correlation coefficient)의 값을 구하는 방식은 무엇일지 설명하시오.

▌ 정답 ▌

상관계수(correlation coefficient)의 값을 찾을 경우 예를 들어, I1부터 I10까지와 J1부터 J10까지 두 변수들 간에 분석을 할 경우 엑셀 창의 맨 위에 나와 있는 수식에서 fx 함수삽입에서 범주 선택으로 하여 CORREL에서 각각의 열(column)을 선택하여 I1 : I10과 J1 : J10을 삽입하면 계산할 수 있다.

07 국제 원자재시장에서 가격형성과 관련된 기초경제의 여건의 변화에 주목할 필요성은 무엇일지 설명하시오.

▌ 정답 ▐

이는 향후 미국과 중국 등 주요 국가에서 경기하강 국면에 진입할 경우 공급과잉(excess supply)에 직면할 가능성과 연결되는 것이다.

08 통계분석 혹은 통계학과 관련하여 방법론, 범위 및 해석 등과 관련하여 무엇일지 설명하시오.

▌ 정답 ▐

통계분석은 주제가 상당히 넓은 범위에 걸쳐 있고 또한 다양한 분야에서 응용되는 특징을 지니고 있다. 통계학과 관련하여서는 정보에 의하여 시작되고 결론 내리는 과정상에 있어서 데이터(data)를 수집하고 분석하는 프로세스(process)를 거치게 된다. 그리고 단순한 데이터에 대하여 생성된 대로 결론이 내려지는 것이 아니라 이 데이터에 대하여 어떻게 해석해야 하는지와 이 데이터의 해석을 기업의 경영 최고의사결정자(top management)에게 어떻게 이해하기 쉽게 제공해야 하는지와 연결된다. 그리고 재테크 통계에 관심이 있는 일반 투자자들에게도 어떻게 이해하는지와 관련하여 도표나 기타 등 알기 쉽게 제공해야 하는 과제도 가지고 있다. 이와 같은 통계적인 방법론은 수학분야의 전문가뿐만 아니라 경우에 따라 관련 분야의 과학자들의 세부적인 지식을 필요로 하기도 한다. 따라서 통계의 영역과 범주는 매우 다양하고 복잡하게 이루어지며 결론에 이를 때에는 알기 쉽고 이해하기 쉽게 하는 작업까지 포함되는 것이다. 그리고 이와 같은 것이 이루어지도록 처음 설계의 단계부터 구체적으로 잘 이루어져야 한다. 이에 따라 설문조사를 할 경우 어떤 대상으로 할 것인지 예를 들어 전문가 집단을 대상으로 하는 델파이 분석기법을 활용할 것인지 등에 대하여 잘 준비해 나가야 하는 것이다.

09 한국의 가장 대표적인 기업의 주식에 매수 또는 매도할 때 어떤 지표를 선정해서 고려해 보는 것이 유리할지 판단해 보시오. 만일 WACC와 FCF 등의 지표를 사용하여 투자한다면 기업의 가치와의 관계는 무엇일지 설명하시오.

▌ 정답 ▐

WACC(weighted average cost of capital)로 알려져 있는 가중된 자본의 평균비용으로 살펴볼 경우에 이러한 전략이 타당할지 파악해 볼 필요가 있다. 이 수치는 기업 자본비용인 부채(debt)와 보통주 및 우선주, 그리고 유보이익 등과 같은 값을 시장의 가치 기준으로 각각의 자료가 총자본에서 차지하고 있는 가중치(weighted)인 자본의 구성 비율로 가중하여 평균값을 구한 것을 나타낸다.

또 다른 한편으로 WACC는 미래의 현금흐름을 뜻하는 FCF(future cash flow) 및 잔존가치에 대한 현재가치(present value)를 계산하는 경우 이용하는 할인율(discount rate) 개념이다. 즉 WACC의 값이 크면 클수록 기업의 가치는 하락하는 구조를 갖게 된다.

10 금융 및 부동산 부(자산) 효과에 따른 소비의 관계는 무엇인가?

▌ 정답 ▟

가계들에 있어서 소비는 자산인 부를 의미하는 주식, 예금 등의 금융자산을 포함하여 부동산과 같은 실물자산을 비롯하여 가계 소득 등에 의하여 결정되는 것으로 알려져 있다. 이와 같은 자산 구성요소들의 가격이 상승하면 일반적으로 가계들의 소비에 대하여 양(+)의 영향을 미칠 수 있음을 그동안의 연구결과들에서 나타나고 있다.

11 토빈의 Q이론과 주식시장과 투자함수의 관련성은 무엇인가?

▌ 정답 ▟

한편 토빈의 Q이론은 주식시장의 현재 상황에 대하여 평가함에 있어서 흔히 사용되고 있다. 주식시장과 관련하여서는 유럽의 경우 부(자산) 효과가 긍정적으로 나타났음을 앞에서 과거 연구들을 토대로 제시하였다. 그리고 토빈의 Q이론은 투자함수와도 관련되어 있기도 하다.

12 통계분석에 있어서 엑셀(Microsoft Excel)을 이용할 경우 평균값을 찾는 과정과 수익률과는 어떠한 관계인가?

▌ 정답 ▟

통계분석에 있어서 엑셀(Microsoft Excel)을 이용할 경우 예를 들어, I1부터 I10까지 10개의 데이터(data)를 분석한다고 할 때 AVERAGE(I1 : I10)과 같이 입력을 하면 범위 안에 평균값을 찾을 수 있게 된다. 이는 엑셀 창의 맨 위에 나와 있는 수식에서 fx 함수삽입에서 범주 선택으로 하여 AVERAGE를 찾아 실행할 수 있다. 이와 같은 평균값은 투자할 때 고려하는 수익률(yield)의 개념에 해당한다.

13 수익률과 반대적인 개념을 가지는 위험(risk) 관련 변동성(volatility)에 대하여 표준편차(Standard Deviation)를 계산하는 데에 있어서 엑셀(Microsoft Excel)을 이용하는 과정에 대하여 설명하시오.

▌ 정답 ▟

또한 수익률과 반대적인 개념을 가지는 위험(risk) 관련 변동성(volatility)은 다음과 같다. 예를 들어, I1부터 I10까지 10개의 데이터(data)를 분석한다고 할 때 STDEV(I1 : I10)과 같이 입력을 하면 범위 안에 위험인 변동성의 값을 찾을 수 있게 된다. 이는 엑셀 창의 맨 위에 나와 있는 수식에서 fx 함수삽입에서 범주 선택으로 하여 STDEV를 찾아 실행할 수 있다.

14 <그림 1-19>를 토대로 살펴보는 것을 가정하여 볼 때 한국의 경우 KOSPI 주가지수의 상승에 따른 부(자산)의 효과를 지출국민소득의 관점에서 설명하시오.

▌ 정답 ▟

<그림 1-19>를 토대로 살펴보면, 한국의 경우 KOSPI 주가지수의 상승에 따른 부(자산)의 효과를 기대해 볼 수 있는 것으로 판단된다. 이는 결국 금융시장의 안정이 기업들에 대한 자금공급의 원활화로 연결되어 경제성장(economic growth)에 도움으로 연결될 수 있기 때문이다. 이는 곧 소비의 활성화로 연결되고 물가 상승으로 소비자물가지수에도 상승 압력으로 작용하게 되는 순환구조를 고려해 볼 수 있기 때문이다. 다음 식(1)과 같은 지출국민소득을 통하여 유추해 볼 수 있다.

$$Y(국내총생산)\uparrow = C(소비)\uparrow + I(투자) + G(정부지출) + X(수출) - M(수입)$$

15 상관관계의 상관계수에 양의 상관관계와 음의 상관관계가 갖는 의미는 무엇인지 설명하시오.

▌ 정답 ▟

상관관계의 상관계수에 양(+)의 수치는 양의 상관관계로 같은 방향으로 움직이는 경향을 의미하고, 음(-)의 수치는 서로 반대방향으로 움직이고 있음을 나타내고 있다.

16 투자 증가에 따른 국내총생산 활성화에 따른 소비 증가로의 연결성인 부(투자) 효과와 관련하여 설명하시오.

▌ 정답 ▟

투자 증가에 따른 국내 총생산 활성화에 따른 소비 증가로의 연결성도 이 자료들만 가지고는 추론하기 쉽지 않다. 이는 식(2)에서 지출국민소득의 경우로 하여 판단해 볼 수 있다.

$$Y(국내총생산)\uparrow = C(소비) + I(투자)\uparrow + G(정부지출) + X(수출) - M(수입)$$

17 통계학의 적용과정과 관련하여 정리해 보시오.

▌ 정답 ▟

정 의	구 성
통계학의 적용	숫자에 의한 도표, 그래프보다 명확한 정보 제공
	범주와 수치들에서 정보획득에 의한 학문의 실천적 적용
	수집하는 데이터의 양과 종류
	데이터의 구성과 요약
	데이터의 분석과 결론 도출과정
	결론에 의한 보고서 작성 및 결과의 불확실성에 대한 평가

18 통계처리 과정과 관련하여 정리해 보시오.

▌ 정답 ▌

정 의	구 성
통계처리 과정	설계(디자인) : 계획 설립과 적용
	설명의 과정 : 데이터에 대한 요약과정과 탐색의 수행
	추론의 과정 : 데이터에 의한 현상의 예측 및 일반화로의 진행
	불확실성에 대한 처리과정과 이러한 사건들에 대한 프로세스 과정 수행
	적용 사례 : 소비자들의 TV광고에 따른 반응분석, 의료에 의한 치료효과, 성별을 포함한 결혼관에 있어서의 청년층의 태도에 의한 변화 가능성 분석, 실업률에 있어서 다음 해에 대한 예측 (prediction), 제품에 대한 품질향상 방법의 모색에 따른 기술적 적용, 농업에 있어서 새 종자의 개발과 비료의 적정사용량, 의학적으로 치료물질의 복용량 정도에 대한 정보 제공, 정치적인 여론조사의 과정과 정확성

19 자원요소의 가격메커니즘(price mechanism)과 세계 경기순환(business circulation)과 관련하여 설명하시오.

▌ 정답 ▌

소비에 영향을 미치는 것이 가격메커니즘(price mechanism)인 것은 주지의 사실이다. 그런데 1980년대 이후 상품 분야에 있어서 가격이 오른 것은 대부분 에너지 및 귀금속과 관련된 것이었다.

세계 경기순환(business circulation)을 살펴보면, 미국의 내전과 1차 및 2차에 걸친 세계 전쟁 그리고 과거에 한동안 지속된 인플레이션 현상, 냉전현상 그리고 미국의 대공황 등이 가장 큰 영향을 주었다.

또한 산업혁명을 비롯한 2000년 이후 인터넷혁명에 따른 변화가 가격의 변화에 큰 영향을 나타냈다. 1910대 이후에 들어 기계화에 따른 영향과 그리고 생산과정에 있어서 프로세스의 변화가 상품가격의 구조적인 하향 조정을 이끌었다. 또한 원유가격의 안정이 산업에 있어서 가격을 안정화시키는 것에도 영향을 주었다.

20 4차 산업혁명과 대표기업의 수익률의 관계에 대하여 설명하시오.

▌ 정답 ▌

역사적인(historical) 변화에서 비롯된 것을 검토할 때 현 시대에는 4차 산업혁명과 관련된 분야에서 가장 높은 성과(performance)가 나오는 기업군이 존재할 것이라는 것은 추론하기 어렵지 않다. 그리고 이와 같은 기업에서 주식투자에 따른 수익률도 가장 높을 것이라는 것도 쉽게 고려해 볼 수 있는 투자와 관련된 요소이다.

21 한국의 대표적인 IT기업의 사례를 대입해 볼 경우에 있어서 2016년 상승기와 2017년 고점 형성 및 이후의 주식투자자의 향방에 대한 재무적인 투자접근법은 무엇인가에 대하여 설명하시오.

▌ 정답 ▌

한국의 대표적인 IT기업의 사례를 대입해 볼 경우에 있어서 2016년 상승기와 2017년 고점 형성 및 이후의 주식투자자의 향방에 대한 재무적인 투자접근법은 무엇인가에 대하여 살펴보기로 한다.

즉 WACC의 상승이 실현되어도 ROIC으로 불리는 투하자본의 이익률이 오르면 기업의 가치는 상승하는 것으로 알려져 있다. 이와 같은 투하자본의 이익률은 기업의 실제적인 영업활동으로 투입된 자산에 의하여 영업이익이 얼마나 발생하였는지를 알려주는 지표이다.

WACC를 하락시킬 수 있는 요인은 재무구조의 변경이 있을 수밖에 없는데 이것이 이루어져도 투자자들에게 효과적으로 알려지기 위해서는 앞서 지적한 바와 같이 통계적인 방법론을 통하여야 한다.

소득과 부(금융) 효과

제1절 | 거시경제변수와 부(금융) 효과

　가계의 소비에 영향을 미치는 요소는 주로 자산인 주식, 부와 부동산 등이며, 소비에 있어서 양(+)의 부(자산) 효과를 가질 수 있다. 하지만 실증적인 분석을 고려하면 자산들에 따라서도 어떤 자산은 효과가 있기도 하고 다른 자산은 효과가 없기도 하다. 부(자산) 효과 중에서 금융부문의 효과만을 별도로 하여 부(금융) 효과라고 부르기도 한다.

　이와 같은 분석이 의미를 가지는 것은 어떤 시점에 있어서는 주택가격이 급락하기도 하고 어떤 경우에는 주가가 급락하는 현상이 발생되고 있기 때문이다. 이에 따라 각국의 중앙은행과 정부들은 이와 같은 거시경제변수와 이들 자산들의 급락이 어떠한 관계를 가지는지와 관련하여 관심을 갖고 있다.

　부(자산) 효과 및 부(금융) 효과의 경우 결국 소비와 같은 실물경제변수에 영향을 주게 되는 것이다. 이는 중앙은행과 정부에서 관심을 가질 수밖에 없는 요인은 금리정책(interest policy) 또는 정부정책에 있어서 정책효과가 제대로 경제에 반영되는지 혹은 선제적인 정책결정 등에 있어서 중요한 고려요소 중에 하나일 수밖에 없기 때문이다.

표 2-1 거시경제변수와 부(금융) 효과

정 의	구 성
거시경제변수와 부(금융) 효과	가계의 소비에 영향을 미치는 요소는 주로 자산인 주식, 부와 부동산 등이며, 소비에 있어서 양(+)의 부(자산) 효과를 가질 수 있다. 하지만 실증적인 분석을 고려하면 자산들에 따라서도 어떤 자산은 효과가 있기도 하고 다른 자산은 효과가 없기도 하다. 부(자산) 효과 중에서 금융부문의 효과만을 별도로 하여 부(금융) 효과라고 부르기도 한다.
	이와 같은 분석이 의미를 가지는 것은 어떤 시점에 있어서는 주택가격이 급락하기도 하고 어떤 경우에는 주가가 급락하는 현상이 발생되고 있기 때문이다. 이에 따라 각국의 중앙은행과 정부들은 이와 같은 거시경제변수와 이들 자산들의 급락이 어떠한 관계를 가지는 지와 관련하여 관심을 갖고 있다.

그림 2-1 거시경제변수와 부(금융) 효과의 체계도

자산인 주식, 부와 부동산 등

↓

소비에 있어서 양(+)의 부(자산) 효과

↓

부(자산) 효과 중에서 금융부문의 효과만을
별도로 하여 부(금융) 효과라고 함

한편 재무분석(financial analysis)으로서 토빈에 의한 Q효과는 주식시장에 대한 평가에 있어서 거시경제변수들로 하여 이해할 수 있다. 이는 경제성장률과 주가에 대한 평가비율 간에 있어서 장기적 관계에 대한 분석에 이어진다. 그리고 이는 자유로운 현금의 유출입에 따른 할인모형과 잔여소득 등과 관련되어 있는 기업의 지분

평가모형에 해당한다.

표 2-2 토빈에 의한 Q효과와 기업의 지분평가모형

정 의	구 성
토빈에 의한 Q효과와 기업의 지분평가모형	재무분석(financial analysis)으로서 토빈에 의한 Q효과는 주식시장에 대한 평가에 있어서 거시경제변수들로 하여 이해할 수 있다.
	경제성장률과 주가에 대한 평가비율 간에 있어서 장기적 관계에 대한 분석에 이어진다.
	이는 자유로운 현금의 유출입에 따른 할인모형과 잔여소득 등과 관련되어 있는 기업의 지분평가모형에 해당한다.

그림 2-2 한국의 경제성장률(1954년~2018년)과 유로지역의 경제성장률(1996년~2017년)의 동향

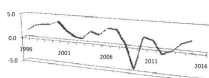

한국 경제성장률   유로지역 경제성장률

<그림 2-2>에는 한국의 경제성장률(1954년~2018년)과 유로지역의 경제성장률(1996년~2017년)의 동향이 표기되어 있다. 한국의 경제성장률과 유로지역의 경제성장률의 단위는 모두 %이며, 연간 데이터로 구성된 것이다. 이 자료는 한국은행(Bank of Korea)에서 제공하는 경제통계와 관련된 시스템(인터넷 홈페이지)을 통하여 입수한 것이다. 이들 그래프를 살펴보면, 한국 경제성장률은 2018년에 2%대에 진입하였고, 유럽의 경우에도 2015년 이후 2017년까지 2%대를 보이고 있다.

원자재의 가격동향은 앞에서도 지적한 바와 같이 산업혁명 등과 밀접한 관련을 갖고 있으며 그리고 경기순환에 따른 경기의 호황과 불황의 반복, 즉 기초경제의 거시경제변수의 경기변동(business cycles)과 밀접한 상관성을 지니고 있다. 이와 같은 측면들이 반영되어서 결과로 나타나는 것이 각국별 경제성장률인 것이다.

따라서 계량경제학과 통계학적인 분석방법론이 매우 중요하며, 미래 경제변수들의 움직임에 대한 예측(forecast)이 중요한 이유이기도 하다. 이와 같은 예측변수를 가지고 투자자들의 사이에 서로 다른 견해를 가지기 때문에 다양한 가격변수(price variables)의 움직임이 동반되고 있는 것이다.

표 2-3 원자재의 가격동향과 기초경제의 상관성

정 의	구 성
원자재의 가격동향과 기초경제의 상관성	원자재의 가격동향은 앞에서도 지적한 바와 같이 산업혁명 등과 밀접한 관련을 갖고 있으며 그리고 경기순환에 따른 경기의 호황과 불황의 반복, 즉 기초경제의 거시경제변수의 경기변동(business cycles)과 밀접한 상관성을 지니고 있다.

표 2-4 통계학과 계량경제학에 따른 미래 경제변수의 예측과 투자

정 의	구 성
미래 경제변수의 예측과 투자	통계학과 계량경제학적인 분석방법론이 매우 중요하며, 미래 경제변수들의 움직임에 대한 예측(forecast)이 중요한 이유이기도 하다. 이와 같은 예측변수를 가지고 투자자들의 사이에 서로 다른 견해를 가지기 때문에 다양한 가격변수(price variables)의 움직임이 동반되고 있는 것이다.

앞에서 지적한 통계의 기초는 모집단과 표본으로 구성되어 있는 핵심적인 것들이다. 이는 대상전체와 관련된 것인지 혹은 이 중에서 일부분만을 대상으로 하는지로 나누어서 전자는 모집단이라고 하고, 후자는 표본이라고 하는 것이다.

표 2-5 통계의 기초: 모집단과 표본

정 의	구 성
통계의 기초: 모집단과 표본	통계의 기초는 모집단과 표본으로 구성되어 있는 핵심적인 것들이다. 이는 대상전체와 관련된 것인지 혹은 이 중에서 일부분만을 대상으로 하는 것으로 나누어서 전자는 모집단이라고 하고, 후자는 표본이라고 하는 것이다.

CAPM(Capital Asset Pricing Model)은 자본자산의 가격결정모형이라고 하는데, 자본시장(capital market)이 균형을 갖고 있을 경우 자본자산에 대한 기대수익(expected return)과 위험(risk) 사이의 관계성을 연구하는 분야이다.

즉 주식시장(stock market)을 비롯한 증권의 시장이 효율적(efficiency)이라는 것을 가정할 때 예상된 위험의 프리미엄이 시장위험(market risk)인 베타 값에 의하여 변화를 가진다고 판단하고 있다. 한편 앞에서 언급한 WACC의 하락요인이 발생할 경우로서는 CAPM을 고려할 때 주가의 하락이 요인이 될 수 있다. 따라서 적어도 학문적으로는 한국의 대표적인 기업의 경우 2017년 고점의 형성과 이후 주가하락의 시장에 있어서의 결과를 이와 같은 통계학적인 접근법에 의하여 생각해 볼 수도 있을 것이다.

표 2-6 CAPM과 WACC 및 주가의 관계

정 의	구 성
CAPM과 WACC 및 주가의 관계	CAPM(Capital Asset Pricing Model)은 자본자산의 가격결정모형이라고 하는데, 자본시장(capital market)이 균형을 갖고 있을 경우 자본자산에 대한 기대수익(expected return)과 위험(risk) 사이의 관계성을 연구하는 분야이다.
	주식시장(stock market)을 비롯한 증권의 시장이 효율적(efficiency)이라는 것을 가정할 때 예상된 위험의 프리미엄이 시장위험(market risk)인 베타 값에 의하여 변화를 가진다고 판단하고 있다. 한편 앞에서 언급한 WACC의 하락요인이 발생할 경우로서는 CAPM을 고려할 때 주가의 하락이 요인이 될 수 있다.

미국을 중심으로 하는 대부분의 선진 국가들의 경우 부(자산) 효과를 측정(measurement)하기 위한 데이터의 양(quantity)이 많다고 볼 수는 없는 상황이거나 부족한 실정이다. 하지만 경기변동에 의한 경제성장률과 원자재의 가격동향 등으로 판단할 때 금융변수 혹은 자산변수들의 소비에 대한 영향에 따른 경제적인 효과는 미래 경제예측(economic prediction)을 위해서도 매우 중요한 현실적인 문제이기도 하다.

유럽의 경우 1980년과 2007년 기간 동안의 통계학적인 연구자료들을 살펴보면, 부(금융) 효과가 상대적인 측면에서 중요해진 시기였음을 나타내고 있다. 부(주택에 의한 자산) 효과는 이 기간 동안은 적어도 크지 않은 것으로 각종 연구결과들에서 제시되고 있다.

그리고 소비부문은 꾸준히 증가하지만 시장에 있어서의 충격적인 변수들에 의한 반응은 느리게 진행되고 있는 것으로 그 동안의 경제학적이며 통계학적인 연구의 결과들이다. 이는 그 동안의 연구결과들을 살펴볼 때 소비부문은 일생을 통한 생애주기에 따라 꾸준히 증가하고 소득은 경제활동이 활발한 청장년층을 중심으로 증가하고 노년기 이후에는 급격히 감소하는 구조에서 근거하고 있다.

따라서 소비부문이 경제적인 충격에 의하여 급격하게 늘어나기도 어려운 구조를 갖고 있지만 소득이 줄거나 경제적인 침체기에 접어들었다고 하여 소비가 급격하게 줄어들기도 어려운 구조를 갖고 있음을 의미한다.

이러한 부(금융 또는 자산) 효과에 따른 즉각적인 소비의 반응은 장기로 갈수록 각 금융 또는 자산들 구성변수들에 따라서 상당히 다르게 나타나는 것으로 각종 연구결과들에서 보고되고 있다.

표 2-7　부(자산) 효과 예측의 중요성

정 의	구 성
부(자산) 효과 예측의 중요성	미국을 중심으로 하는 대부분의 선진 국가들의 경우 부(자산) 효과를 측정(measurement)하기 위한 데이터의 양(quantity)이 많다고 볼 수는 없는 상황이거나 부족한 실정이다. 하지만 경기변동에 의한 경제성장률과 원자재의 가격동향 등으로 판단할 때 금융변수 혹은 자산변수들의 소비에 대한 영향에 따른 경제적인 효과는 미래 경제예측(economic prediction)을 위해서도 매우 중요한 현실적인 문제이기도 하다.

표 2-8　부(자산) 효과와 미국과 유럽 등의 소비의 관계

정 의	구 성
부(자산) 효과와 미국과 유럽 등의 소비의 관계	유럽의 경우 1980년과 2007년 기간 동안의 통계학적인 연구자료들을 살펴보면, 부(금융) 효과가 상대적인 측면에서 중요해진 시기이었음을 나타내고 있다. 부(주택에 의한 자산) 효과는 이 기간 동안은 적어도 크지 않은 것으로 각종 연구결과들에서 제시되고 있다.
	소비부문은 꾸준히 증가하지만 시장에 있어서의 충격적인 변수들에 의한 반응은 느리게 진행되고 있는 것으로 그 동안의 경제학적이며 통계학적인 연구의 결과들이다. 이러한 부(금융 또는 자산) 효과에 따른 즉각적인 소비의 반응은 장기로 갈수록 각 금융 또는 자산들 구성변수들에 따라서 상당히 다르게 나타나는 것으로 각종 연구결과들에서 보고되고 있다.

제2절 | 생애주기상에서의 소비와 소득

<그림 2-3>은 생애주기상에서의 소비와 소득의 관계가 표기되어 있다. 소비는 그래프 생애주기 소비(Life cycle consumption)와 같이 완만하게 꾸준히 증가하지만, 소득은 a점과 b점의 접점을 사이에서 소득이 가장 높은 수준을 기록하고 a점의 이전과 b점의 이후 구간에 있어서는 소득 수준이 소비 수준보다 낮음을 알 수 있다. 이는 곡선 C에서 확인이 되고 있으며, 이보다 높은 소득 수준일 경우에는 C′곡선이고, C곡선보다 낮은 곡선은 C″곡선에 각각 해당하고 있다.

따라서 b점 이후에 해당하는 노인세대의 경우에 있어서 소득 수준이 소비 수준보다 낮게 형성되므로 이전의 a점과 b점 구간에서의 소득을 가지고 노인세대의 생활비와 의료비 등을 충당해 나가는 것이 통계학적 그리고 경제학적인 측면에서 중요하게 간주되어야 하는 것이다.

> 그림 2-3   생애주기상에서의 소비와 소득의 관계

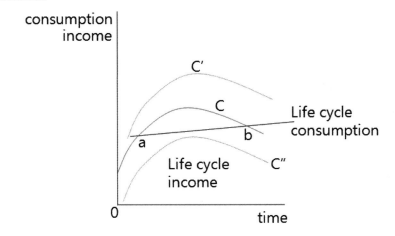

표 2-9	부(금융) 효과와 거시경제변수

정 의	구 성
부(금융) 효과와 거시경제변수	부(금융) 효과의 구성을 살펴보면, 통화와 예금, 주식 지분 그리고 펀드투자에 주로 효과성이 있는 것으로 나타나고 있다. 특히 소비에 대한 영향은 금융자산의 부채와 주택담보대출 등에 있어서 민감한 반응을 하고 있음을 알 수 있다. 따라서 소비에 대한 안정적인 증가에는 주택 및 금융부문의 안정화 정책이 필요한 것으로 판단된다.
	실무에서는 투자자의 성향도 개개인마다 편차가 있으며 생애주기에 걸쳐 이루어지는 소비와 소득의 비교를 토대로 살펴보면, 노년기의 생활비와 의료비를 대비하여 개개인들의 투자 성향에 따라 안전한 정기예금을 선호하는 경향의 사람들과 주식과 같이 위험은 높아도 수익률을 극대화하려는 보다 적극적인 투자자들로 인하여 다양하게 금융 포트폴리오(portfolio)들이 전개될 수 있다.
	일반적인 거시경제변수들에 대한 분석을 살펴보면, 생산과 소득 그리고 가격에 의하여 부(자산) 효과가 달라진다고 알려져 있다. 이는 이와 같은 변수들이 민간 소비부문과 통화 수요 등에 영향을 주어 이와 같은 현상이 발생된다고 알려져 있는 것이다.

한국의 대표적인 기업의 제품가격의 시장 형성에 2019년 들어 35% 전후에서 주요 제품의 가격이 하락될 수 있음을 시장에서는 내다보고 있다. 이는 수요의 증감에 따라 설명되고 있다.

한편 부(금융) 효과의 구성을 살펴보면, 통화와 예금, 주식 지분 그리고 펀드투자에 주로 효과성이 있는 것으로 나타나고 있다. 특히 소비에 대한 영향은 금융자산의 부채와 주택담보대출 등에 있어서 민감한 반응을 하고 있음을 알 수 있다. 따라서 소비에 대한 안정적인 증가에는 주택 및 금융부문의 안정화 정책이 필요한 것으로 판단된다.[3] 참고적으로 실무에서는 투자자의 성향도 개개인마다 편차가 있으며 생애주기에 걸쳐 이루어지는 소비와 소득의 비교를 토대로 살펴보면, 노년기의 생활비와 의료비를 대비하여 개개인들의 투자 성향에 따라 안전한 정기예금을 선호하는 경향의 사람들과 주식과 같이 위험은 높아도 수익률을 극대화하려는 보다 적극적인 투자자들로 인하여 다양하게 금융 포트폴리오(portfolio)들이 전개될 수 있다. 일반적인 거시경제변수들에 대한 분석을 살펴보면, 생산과 소득 그리고 가격에 의

---

3) Constantinides, G., M. Harris and R. Stulz(eds.)(2003), Handbook of the Economics of Finance, Chaper 6, Elsevier, North Holand, pp. 12－22.

하여 부(자산) 효과가 달라진다고 알려져 있다. 이는 이와 같은 변수들이 민간 소비 부문과 통화 수요 등에 영향을 주어 이와 같은 현상이 발생된다고 알려져 있는 것이다. 생산의 변화는 주로 재고(inventory)에 의한 경기변동(business cycle)의 호황과 불황국면의 반복에 따라 소비와 통화 수요에 영향을 주게 된다. 그리고 이에 따라 소득(income)도 달라진다. 결국 가격메커니즘(price mechanism)에 의하여 부(자산) 효과에 어떻게 다시 영향을 주게 되는지 시장참여자들은 주시할 필요가 있는 것이다. 토빈의 Q이론에서도 자본조달의 비용과 재무구조상의 이익실현이 매우 중요함을 알 수 있었다. 따라서 토빈의 Q이론에 대한 모형적인 연구에서도 금융 관련 변수들을 포함하여 비용인상 물가상승 현상, 기업들의 부채구조와 국가단위에서의 통화신용정책 및 재정정책 등 모든 요소들이 고려되어야 한다. 이에 따라 토빈의 Q이론은 주식 배당과 주식의 발행(공모 및 사모)을 포함한 투자자들과 관련된 현금흐름(cash flow)뿐만 아니라 재정정책(fiscal policy)까지 고려해야 하기 때문에 고전학파적인 견해 이외에 케인즈학파의 이론이 중요한 역할을 하고 있다.

표 2-10 토빈의 Q이론과 통화신용정책 및 재정정책

정 의	구 성
토빈의 Q이론과 통화신용정책 및 재정정책	토빈의 Q이론에서도 자본조달의 비용과 재무구조상의 이익실현이 매우 중요함을 알 수 있었다. 따라서 토빈의 Q이론에 대한 모형적인 연구에서도 금융 관련 변수들을 포함하여 비용인상 물가상승 현상, 기업들의 부채구조와 국가단위에서의 통화신용정책 및 재정정책 등 모든 요소들이 고려되어야 한다.
	토빈의 Q이론은 주식 배당과 주식의 발행(공모 및 사모)을 포함한 투자자들과 관련된 현금흐름(cash flow)뿐만 아니라 재정정책(fiscal policy)까지 고려해야 하기 때문에 고전학파적인 견해 이외에 케인즈학파의 이론이 중요한 역할을 하고 있다.

<그림 2-4>에는 비용인상(cost push) 물가상승에 따른 가격과 수요와 공급량에 대한 영향이 표기되어 있다. 국민소득(Ym)의 경제상황이 완전고용(full employment)인 경우를 X축에서 A라고 할 경우를 가정하자. 여기서 공급곡선(Supply Curve)과 수요곡선(Demand Curve)이 만나 경제의 균형 상태는 C점에서 가격수준은 Pm에 해당하고, 완전고용 국민소득 수준은 A점상에 놓여 있다고 가정하고 살펴보

는 것이다. 현재의 경제 상황이 완전고용 국민소득 수준인 A점에서 왼쪽에 있게 될 경우 실업률(unemployment rate)이 발생하게 된다. 이 경우 예를 들어, 비용인상 물가상승인 인플레이션(inflation) 현상이 발생할 경우 공급곡선이 상향이동하게 되어 같은 가격 수준에서는 경기 상황의 악화와 실업률 증가에 직면하게 된다. 만일 완전고용 국민소득 수준인 A점의 왼쪽에서 이와 같은 비용인상 물가상승의 인플레이션이 발생할 경우 같은 국민소득 수준에서는 물가만 상승하게 되는 경제에 좋지 않은 영향을 주게 되는 것이다. 참고로 완전고용 국민소득 수준인 A점이 아니고 그 이상인 A′점 또는 A″에 놓여있을 경우에도 균형점(equilibrium point)을 찾아서 각각 분석하면 된다.

그림 2-4 비용인상(cost push) 물가상승에 따른 가격과 수요와 공급량에 대한 영향

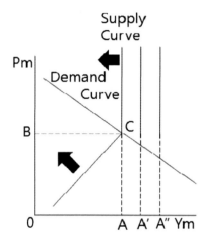

<그림 2-5>에는 미국의 경제성장률(1950년~2018년)과 유로지역의 경제성장률(1971년~2017년)의 동향이 표기되어 있다. 미국의 경제성장률과 일본의 경제성장률의 단위는 모두 %이며, 연간 데이터로 구성된 것이다. 이 자료는 한국은행(Bank of Korea)에서 제공하는 경제통계와 관련된 시스템(인터넷 홈페이지)을 통하여 입수한 것이다. 이들 그래프를 살펴보면, 미국과 일본의 경제성장률은 미국의 서브프라임 모기지 사태에 따른 금융위기의 여파로 인하여 2008~2009년에는 마이너스(-)의 성장률을 기록한 것을 알 수 있다.

그림 2-5 미국의 경제성장률(1950년~2018년)과 일본의 경제성장률(1971년~2017
년)의 동향

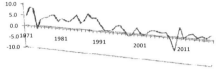

<그림 2−6>에는 한국 KOSPI 주가지수(1980년~2018년, 좌축)와 한국 경제성
장률(1980년~2017년, 우축)의 동향이 표기되어 있다. 한국 경제성장률의 단위는 %이
고, 한국 KOSPI 주가지수는 1980.1.4＝100이다. 그리고 이들 데이터들은 모두 연
간자료로 구성된 것이다. 이 자료는 한국은행(Bank of Korea)에서 제공하는 경제통
계와 관련된 시스템(인터넷 홈페이지)을 통하여 입수한 것이다.

그림 2-6 한국 KOSPI 주가지수(1980년~2018년, 우축)와 한국 경제성장률(1980
년~2017년, 좌축)의 동향

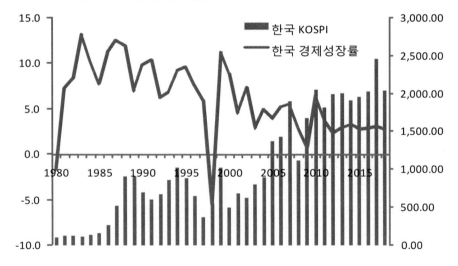

그림 2-7 한국 KOSPI 주가지수(1981년~2018년, 우축)와 한국 경제성장률(1981년~2017년, 좌축)의 동향

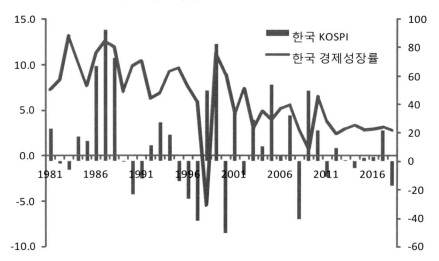

<그림 2-7>에는 한국 KOSPI 주가지수(1981년~2018년, 우축)와 한국 경제성장률(1981년~2017년, 좌축)의 동향이 표기되어 있다. 한국 KOSPI 주가지수와 한국 경제성장률의 단위는 모두 %이며, 연간 데이터들로 구성된 것이다. 이 자료는 한국은행(Bank of Korea)에서 제공하는 경제통계와 관련된 시스템(인터넷 홈페이지)을 통하여 입수한 것이다.

한편 <그림 2-6>에서 한국 KOSPI 주가지수(1980년~2018년)와 한국 경제성장률(1980년~2017년)의 상관계수는 -0.426이었으며, <그림 2-7>에서와 같이 1981년~2018년 기간 동안의 한국 KOSPI 주가지수 증감률과 한국 경제성장률의 상관계수는 0.097이었다.

<그림 2-8>에는 미국 Dow Jones 주가지수(1981년~2018년, 단위 1896.5.26 = 40.96, 우축)와 미국 경제성장률(1981년~2017년, 좌축)의 동향이 표기되어 있다. 2017년 미국의 경제성장률은 2.2%이었으며, 2018년 미국 Dow Jones 주가지수의 증감률은 -5.63%이었다. 미국 Dow Jones 주가지수 증감률과 미국 경제성장률의 단위는 모두 %이며, 연간 데이터들로 구성된 것이다. 이 자료는 한국은행(Bank of Korea)에서 제공하는 경제통계와 관련된 시스템(인터넷 홈페이지)을 통하여 입수한 것이다.

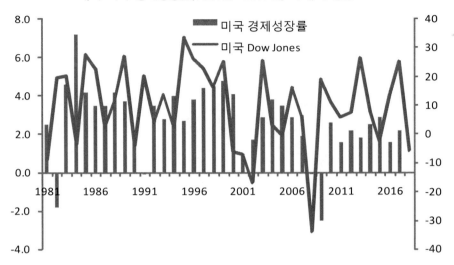

그림 2-8 미국 Dow Jones 주가지수(1981년~2018년, 단위 1896.5.26=40.96, 우축)와 미국 경제성장률(1981년~2017년, 좌축)의 동향

1981년~2017년의 기간 동안 <그림 2-8> 미국 Dow Jones 주가지수 증감률과 미국 경제성장률의 상관계수는 0.102를 기록하였다. 그리고 같은 기간 동안의 미국 NASDAQ 주가지수 증감률과 미국 경제성장률의 상관계수는 0.006을 기록하였다.

엑셀을 통한 이와 같은 상관계수 이외에 시점별로 서로 간에 있어서 선행(lead)과 후행(lag)을 알 수 있는 교차상관관계(cross correlation)도 계량경제인 분석에서 알아볼 수 있다. 또한 두 변수 사이의 관계와 관련하여서는 상관관계 이외에 공분산(covariance)의 개념이 통계학적으로 사용되고 있다. 하지만 보다 정교한 두 변수 사이의 관계와 관련하여서는 공분산보다는 상관관계에 따른 상관계수를 주로 사용하고 있다.

<그림 2-9>에는 미국 NASDAQ 주가지수(1981년~2018년, 단위 1971.2.5=100, 우축)와 미국 경제성장률(1981년~2017년, 좌축)의 동향이 표기되어 있다. 2017년 미국의 경제성장률은 2.2%이었으며, 2018년 미국 NASDAQ 주가지수의 증감률은 −3.88%이었다. 미국 NASDAQ 주가지수 증감률과 미국 경제성장률의 단위는 모두 %이며, 연간 데이터들로 구성된 것이다. 이 자료는 한국은행(Bank of Korea)에서 제공하는 경제통계와 관련된 시스템(인터넷 홈페이지)을 통하여 입수한 것이다.

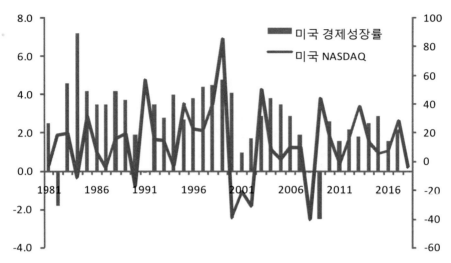

그림 2-9 미국 NASDAQ 주가지수(1981년~2018년, 단위 1971.2.5=100, 우축)와
미국 경제성장률(1981년~2017년, 좌축)의 동향

표 2-11 자본적인 지출과 미래 이윤의 창출 즉 미래 가치에 대한 투자

정 의	구 성
자본적인 지출과 미래 이윤의 창출 즉 미래 가치에 대한 투자	중국에 있어서 사회간접시설(SOC)에 대한 투자가 증가하면서 자본적인 지출(capital expenditure)이 가파르게 증가를 한 바 있다. 하지만 이것이 반영되어 단기간에 내에 너무 가파른 주가의 상승이 있는 경우에 있어서는 주가하락 우려가 있거나 실현되기도 한다. 자본적인 지출은 미래 이윤의 창출 즉 미래 가치(value)에 대한 투자로 인한 투자지출에 따른 비용이다. 즉 기업의 경우 고정자산에 대한 구매 등이 이에 해당한다.

중국에 있어서 사회간접시설(SOC)에 대한 투자가 증가하면서 자본적인 지출 (capital expenditure)이 가파르게 증가를 한 바 있다. 하지만 이것이 반영되어 단기간 에 내에 너무 가파른 주가의 상승이 있는 경우에 있어서는 주가하락 우려가 있거나 실현되기도 한다. 자본적인 지출은 미래 이윤의 창출 즉 미래 가치(value)에 대한 투 자로 인한 투자지출에 따른 비용이다. 즉 기업의 경우 고정자산에 대한 구매 등이 이에 해당한다.

연습 문제

01 거시경제변수와 부(금융) 효과에 대하여 설명하시오.

▌ 정답 ▌

정 의	구 성
거시경제변수와 부(금융) 효과	가계의 소비에 영향을 미치는 요소는 주로 자산인 주식, 부와 부동산 등이며, 소비에 있어서 양(+)의 부(자산) 효과를 가질 수 있다. 하지만 실증적인 분석을 고려하면 자산들에 따라서도 어떤 자산은 효과가 있기도 하고 다른 자산은 효과가 없기도 하다. 부(자산) 효과 중에서 금융부문의 효과만을 별도로 하여 부(금융) 효과라고 부르기도 한다.
	이와 같은 분석이 의미를 가지는 것은 어떤 시점에 있어서는 주택가격이 급락하기도 하고 어떤 경우에는 주가가 급락하는 현상이 발생되고 있기 때문이다. 이에 따라 각국의 중앙은행과 정부들은 이와 같은 거시경제변수와 이들 자산들의 급락이 어떠한 관계를 가지는지와 관련하여 관심을 갖고 있다.

02 토빈에 의한 Q효과와 기업의 지분평가모형에 대하여 설명하시오.

▌ 정답 ▌

정 의	구 성
토빈에 의한 Q효과와 기업의 지분평가모형	재무분석(financial analysis)으로서 토빈에 의한 Q효과는 주식시장에 대한 평가에 있어서 거시경제변수들로 하여 이해할 수 있다.
	경제성장률과 주가에 대한 평가비율 간에 있어서 장기적 관계에 대한 분석에 이어진다.
	이는 자유로운 현금의 유출입에 따른 할인모형과 잔여소득 등과 관련되어 있는 기업의 지분평가모형에 해당한다.

03 원자재의 가격동향과 기초경제의 상관성에 대하여 설명하시오.

▌ 정답 ▌

원자재의 가격동향은 앞에서도 지적한 바와 같이 산업혁명 등과 밀접한 관련을 갖고 있으며 그리고 경기순환에 따른 경기의 호황과 불황의 반복, 즉 기초경제의 거시경제변수의 경기변동(business cycles)과 밀접한 상관성을 지니고 있다.

04 통계학과 계량경제학에 따른 미래 경제변수의 예측과 투자에 대하여 설명하시오.

▮ 정답 ▮

정 의	구 성
미래 경제변수의 예측과 투자	통계학과 계량경제학적인 분석방법론이 매우 중요하며, 미래 경제변수들의 움직임에 대한 예측(forecast)이 중요한 이유이기도 하다. 이와 같은 예측변수를 가지고 투자자들의 사이에 서로 다른 견해를 가지기 때문에 다양한 가격변수(price variables)의 움직임이 동반되고 있는 것이다.

05 통계의 기초인 모집단과 표본에 대하여 설명하시오.

▮ 정답 ▮

정 의	구 성
통계의 기초: 모집단과 표본	통계의 기초는 모집단과 표본으로 구성되어 있는 핵심적인 것들이다. 이는 대상전체와 관련된 것인지 혹은 이 중에서 일부분만을 대상으로 하는 것으로 나누어서 전자는 모집단이라고 하고, 후자는 표본이라고 하는 것이다.

06 CAPM과 WACC 및 주가의 관계에 대하여 설명하시오.

▮ 정답 ▮

정 의	구 성
CAPM과 WACC 및 주가의 관계	CAPM(Capital Asset Pricing Model)은 자본자산의 가격결정모형이라고 하는데, 자본시장(capital market)이 균형을 갖고 있을 경우 자본자산에 대한 기대수익(expected return)과 위험(risk) 사이의 관계성을 연구하는 분야이다.
	주식시장(stock market)을 비롯한 증권의 시장이 효율적(efficiency)이라는 것을 가정할 때 예상된 위험의 프리미엄이 시장위험(market risk)인 베타 값에 의하여 변화를 가진다고 판단하고 있다. 한편 앞에서 언급한 WACC의 하락요인이 발생할 경우로서는 CAPM을 고려할 때 주가의 하락이 요인이 될 수 있다.

07 부(자산) 효과 예측의 중요성에 대하여 설명하시오.

▮ 정답 ▮

미국을 중심으로 하는 대부분의 선진 국가들의 경우 부(자산) 효과를 측정(measurement)하기 위한 데이터의 양(quantity)이 많다고 볼 수는 없는 상황이거나 부족한 실정이다. 하지만 경기변동에 의한 경제성장률과 원자재의 가격동향 등으로 판단할 때 금융변수 혹은 자산변수들의 소비에 대한 영향에 따른 경제적인 효과는 미래 경제예측(economic prediction)을 위해서도 매우 중요한 현실적인 문제이기도 하다.

08 부(자산) 효과와 미국과 유럽 등의 소비의 관계에 대하여 설명하시오.

▌ 정답 ▟

정 의	구 성
부(자산) 효과와 미국과 유럽 등의 소비의 관계	유럽의 경우 1980년과 2007년 기간 동안의 통계학적인 연구자료들을 살펴보면, 부(금융) 효과가 상대적인 측면에서 중요해진 시기였음을 나타내고 있다. 부(주택에 의한 자산) 효과는 이 기간 동안은 적어도 크지 않은 것으로 각종 연구결과들에서 제시되고 있다.
	소비부문은 꾸준히 증가하지만 시장에 있어서의 충격적인 변수들에 의한 반응은 느리게 진행되고 있는 것으로 그 동안의 경제학적이며 통계학적인 연구의 결과들이다. 이러한 부(금융 또는 자산) 효과에 따른 즉각적인 소비의 반응은 장기로 갈수록 각 금융 또는 자산들 구성변수들에 따라서 상당히 다르게 나타나는 것으로 각종 연구결과들에서 보고되고 있다.

09 부(금융) 효과와 거시경제변수에 대하여 설명하시오.

▌ 정답 ▟

부(금융) 효과의 구성을 살펴보면, 통화와 예금, 주식 지분 그리고 펀드투자에 주로 효과성이 있는 것으로 나타나고 있다. 특히 소비에 대한 영향은 금융자산의 부채와 주택담보대출 등에 있어서 민감한 반응을 하고 있음을 알 수 있다. 따라서 소비에 대한 안정적인 증가에는 주택 및 금융부문의 안정화 정책이 필요한 것으로 판단된다.

실무에서는 투자자의 성향도 개개인마다 편차가 있으며 생애주기에 걸쳐 이루어지는 소비와 소득의 비교를 토대로 살펴보면, 노년기의 생활비와 의료비를 대비하여 개개인들의 투자 성향에 따라 안전한 정기예금을 선호하는 경향의 사람들과 주식과 같이 위험은 높아도 수익률을 극대화하려는 보다 적극적인 투자자들로 인하여 다양하게 금융 포트폴리오(portfolio)들이 전개될 수 있다.

일반적인 거시경제변수들에 대한 분석을 살펴보면, 생산과 소득 그리고 가격에 의하여 부(자산) 효과가 달라진다고 알려져 있다. 이는 이와 같은 변수들이 민간 소비부문과 통화수요 등에 영향을 주어 이와 같은 현상이 발생된다고 알려져 있는 것이다.

10 토빈의 Q이론과 통화신용정책 및 재정정책에 대하여 설명하시오.

▌ 정답 ▟

토빈의 Q이론에서도 자본조달의 비용과 재무구조상의 이익실현이 매우 중요함을 알 수 있었다. 따라서 토빈의 Q이론에 대한 모형적인 연구에서도 금융 관련 변수들을 포함하여 비용인상 물가상승 현상, 기업들의 부채구조와 국가단위에서의 통화신용정책 및 재정정책 등 모든 요소들이 고려되어야 한다.

토빈의 Q이론은 주식 배당과 주식의 발행(공모 및 사모)을 포함한 투자자들과 관련된 현금흐름(cash flow)뿐만 아니라 재정정책(fiscal policy)까지 고려해야 하기 때문에 고전학파적인 견해 이외에 케인즈학파의 이론이 중요한 역할을 하고 있다.

11 자본적인 지출과 미래 이윤의 창출 즉 미래 가치에 대한 투자에 대하여 설명하시오.

▮ 정답 ◢

중국에 있어서 사회간접시설(SOC)에 대한 투자가 증가하면서 자본적인 지출(capital expenditure)이 가파르게 증가를 한 바 있다. 하지만 이것이 반영되어 단기간에 내에 너무 가파른 주가의 상승이 있는 경우에 있어서는 주가하락 우려가 있거나 실현되기도 한다. 자본적인 지출은 미래 이윤의 창출 즉 미래 가치(value)에 대한 투자로 인한 투자지출에 따른 비용이다. 즉 기업의 경우 고정자산에 대한 구매 등이 이에 해당한다.

부(금융 및 주택가격) 효과와
재테크통계학의 도수분포

부(금융 및 주택가격) 효과와 재산세와 부동산 경기

제1절 | 미국과 유럽의 부(금융) 효과와 부(주택가격) 효과

통계분석을 위하여 어떤 대상들이나 혹은 개인들에 대하여 특정 목적을 가지고 조사를 행할 수 있다. 모집단의 경우에 어떤 특성에 대하여 모집단 전체에 대한 조사가 불가능하거나 어렵기 때문에 표본을 통하여 이 모집단의 특성에 대한 측정을

| 표 3-1 | 모집단과 표본 추출의 단위관련 내용 |

정 의	구 성
모집단과 표본 추출의 단위 관련 내용	통계분석을 위하여 어떤 대상들이나 혹은 개인들에 대하여 특정 목적을 가지고 조사를 행할 수 있다. 모집단의 경우에 어떤 특성에 대하여 모집단 전체에 대한 조사가 불가능하거나 어렵기 때문에 표본을 통하여 이 모집단의 특성에 대한 측정을 할 수 있다. 양적이거나 질적인 측면에서 알아볼 수 있다. 따라서 표본을 통하여 모집단에 대하여 추론을 할 수 있는 데이터의 수집을 할 수 있다. 이는 표본에 대하여 표본의 추출과 관련된 단위 혹은 단순히 단위라고 표기하기도 한다.

할 수 있다.[1] 이는 양적이거나 질적인 측면에서 알아볼 수 있다. 따라서 표본을 통하여 모집단에 대하여 추론을 할 수 있는 데이터의 수집을 할 수 있다. 이는 표본에 대하여 표본의 추출과 관련된 단위 혹은 단순히 단위라고 표기하기도 한다.

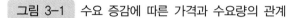

그림 3-1 수요 증감에 따른 가격과 수요량의 관계

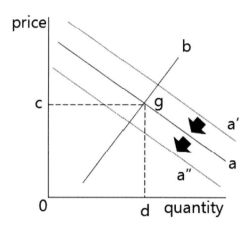

<그림 2-5>는 수요 증감에 따른 가격과 수요량의 관계가 나타나 있다. 즉 수요곡선(demand curve) 상의 a선에서 가격은 c 수준 그리고 수요량은 d에서 결정되어 있다. 그리고 균형점은 g점상에 놓여 있다. 하지만 수요가 줄어들게 되면 가격은 c점 아래로 그리고 수요량은 d점에서 왼쪽으로 이동하게 된다.

참고로 만일 처음 수요곡선이 a′ 선이나 a″ 선에 있으면 처음 균형가격이 a선보다 각각 낮게 그리고 높게 형성된다. 또한 수요량도 a선에 있어서의 균형 수요량보다 각각 적게 그리고 크게 되는 점에서 최초에 형성되게 된다.

통계적인 데이터의 추출 이외에 <그림 3-1>과 같이 그래프를 도식화하거나 경제적인 현상을 연결하여 기업들의 투자나 투자자들의 투자 시에 거시경제변수들에 대한 움직임에 대한 참고자료로 활용할 수 있다.

한국의 대표기업의 주가는 실적배경과 재고순환과 같은 경기변동 등에 대한 외

---

1) European Central Bank(2005), Statistical Classification of Financial Markets Instruments, Frankfurt am Main, pp. 15-32.

국인 투자자를 비롯한 시장 참가자들의 의사결정이 결과적으로 가장 중요할 것으로 판단된다. 따라서 재무지표뿐만 아니라 대내외 거시경제변수와 기업들의 노력 등 모든 과정이 2019년도 이후 주가 움직임에 반영되어 나타날 것으로 판단된다.

부(자산) 효과는 경제에 주는 영향은 국가들마다 상이한 것으로 2000년대 중후반까지의 연구결과에서 나타나고 있다. 이는 각각의 국가들에 있어서 FTA(free trade agreement)체결과 지역공동체에 따라서 다른 특징들을 갖고 있기 때문이다.

유럽의 경우 2000년대 중후반까지의 몇몇 연구결과에 따르면, 대체로 미국의 경우에 있어서 보다 부(주택자산) 효과가 작은 것으로 나타난 것을 알 수 있다. 2000년대 후반의 연구결과에 따르면, 유럽의 경우 부(금융) 효과가 부(주택가격) 효과보다 큰 것으로 나타났다.

따라서 한국의 부(주택가격) 효과에 대하여도 연구할 필요성이 있다. 이는 경기 순환과정뿐만 아니라 기업단위 또는 개인투자자들의 금융 및 부동산 투자 등에 있어서 중요한 지침이 될 수 있다.

이는 국가단위에서 가장 중요한 요소인 소비에 궁극적으로 영향을 주는 요인들을 살펴봄으로써 현재의 경기변동의 상황과 함께 어떠한 종류의 자산투자가 가장 효과적인지 그리고 정부 입장에서도 어떠한 정책을 해야 하는지에 대하여 참고가 될 수 있기 때문이다.

표 3-2 미국과 유럽의 부(금융) 효과와 부(주택가격) 효과

정 의	구 성
미국과 유럽의 부(금융) 효과와 부(주택가격) 효과	부(자산) 효과는 경제에 주는 영향은 국가들마다 상이한 것으로 2000년대 중후반까지의 연구결과에서 나타나고 있다. 이는 각각의 국가들에 있어서 FTA(free trade agreement)체결과 지역공동체에 따라서 다른 특징들을 갖고 있기 때문이다.
	유럽의 경우 2000년대 중후반까지의 몇몇 연구결과에 따르면, 대체로 미국의 경우에 있어서 보다 부(주택자산) 효과가 작은 것으로 나타난 것을 알 수 있다. 2000년대 후반의 연구결과에 따르면, 유럽의 경우 부(금융) 효과가 부(주택가격) 효과보다 큰 것으로 나타났다. 따라서 한국의 부(주택가격) 효과에 대하여도 연구할 필요성이 있다.

신고전학파의 견해에 따르면 기업 가치는 기업들의 배당의 정책과는 무관하게 형성된다고 주장한다. 이는 앞에서 살펴본 바와 같이 토빈에 의한 Q효과가 1일 경우 투자에 대한 토빈에 의한 Q효과에서 기대이윤을 설비자금의 조달비용에 의하여 나누어 계산한 값이 같다는 것이고 이 비율이 의미를 가진다는 주장에 해당한다.

표 3-3	배당의 정책 : 신고전학파와 토빈에 의한 Q효과

정 의	구 성
배당의 정책: 신고전학파와 토빈에 의한 Q효과	신고전학파의 견해에 따르면 기업 가치는 기업들의 배당의 정책과는 무관하게 형성된다고 주장한다. 이는 앞에서 살펴본 바와 같이 토빈에 의한 Q효과가 1일 경우 투자에 대한 토빈에 의한 Q효과에서 기대이윤을 설비자금의 조달비용에 의하여 나누어 계산한 값이 같다는 것이고 이 비율이 의미를 가진다는 주장에 해당한다.

그림 3-2	독일 DAX 주가지수(1980년 1월~2018년 12월)와 일본의 NIKKEI 주가지수(1980년 1월~2018년 12월) 동향

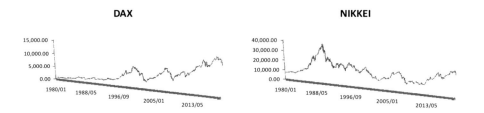

<그림 3-2>에는 독일 DAX 주가지수(1980년 1월~2018년 12월)와 일본의 NIKKEI 주가지수(1980년 1월~2018년 12월) 동향이 표기되어 있다. 이 자료는 한국은행(Bank of Korea)에서 제공하는 경제통계와 관련된 시스템(인터넷 홈페이지)을 통하여 입수한 것이다. 독일 DAX 주가지수의 단위는 1987.12.31 = 1000이고, 일본의 NIKKEI 주가지수의 단위는 1949.5.16 = 176.21이며, 모두 월간(monthly) 자료들이다.

그림 3-3 독일 DAX 주가지수(1991년 1월~2018년 12월, 우축)와 독일 소비자물가
지수(1991년 1월~2018년 12월, 좌축)의 동향

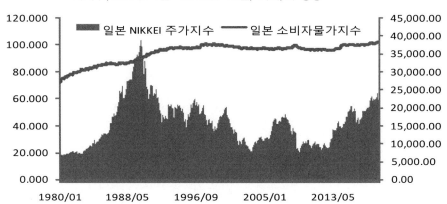

그림 3-4 일본 NIKKEI 주가지수(1980년 1월~2018년 12월, 우축)와 일본 소비자물
가지수(1980년 1월~2018년 12월, 좌축)의 동향

<그림 3-3>에는 독일 DAX 주가지수(1991년 1월~2018년 12월, 우축)와 독일
소비자물가지수(1991년 1월~2018년 12월, 좌축)의 동향이 표기되어 있다. 그리고 <그
림 3-4>에는 일본 NIKKEI 주가지수(1980년 1월~2018년 12월, 우축)와 일본 소비자
물가지수(1980년 1월~2018년 12월, 좌축)의 동향이 표기되어 있다. 이 자료는 한국은
행(Bank of Korea)에서 제공하는 경제통계와 관련된 시스템(인터넷 홈페이지)을 통하

여 입수한 것이다. 독일 소비자물가지수의 단위는 2010＝100이고, 일본의 소비자물
가지수의 단위는 2015＝100이며, 모두 월간(monthly) 자료들이다.

　　독일 DAX 주가지수(1991년 1월~2018년 12월)와 독일 소비자물가지수(1991년 1
월~2018년 12월)의 상관관계의 상관계수를 살펴보면, 0.886의 높은 수치를 보이고
있다. 반면에 일본 NIKKEI 주가지수(1980년 1월~2018년 12월)와 일본 소비자물가지
수(1980년 1월~2018년 12월)의 상관계수를 살펴보면, 0.179의 수치를 나타내어 보이
고 있다. 앞서 유로지역 전체의 주식에 의한 부(자산) 효과는 실증분석으로 알기 어
려웠지만 독일의 경우에는 한국의 경우에서와 같이 주식에 의한 부(자산) 효과 가능
성이 상관계수 상으로는 있을 수 있음을 알 수 있다.

　　앞에서도 살펴본 바와 같이 자본적인 지출은 미래 이윤의 창출 즉 미래 가치에
대한 투자로 인한 투자지출에 따른 비용을 의미하며, 기업의 경우 고정자산에 대한
구매 등이 이에 해당하고 있다.

　　중국의 중속성장정책이 세계시장에 반영되고, 이것이 기업들의 수익성의 하락
과 연결되면서 향후 세계시장을 향한 기업가들이나 투자자들의 투자정책은 새로운
시장의 개척과도 연결될 수 있다. 인구증가율이나 기술보급 등을 감안하여 인도
(India)를 비롯하여 베트남(Vietnam) 시장 등이 투자로서의 매력도를 가지고 있는 것
도 이와 같은 자본적인 지출 측면에서 살펴볼 필요성도 제기되고 있다.

표 3-4 ┃ 세계시장에서 자본적인 지출과 기업들의 수익성 측면

정 의	구 성
세계시장에서 자본적인 지출과 기업들의 수익성 측면	중국의 중속성장정책이 세계시장에 반영되고, 이것이 기업들의 수익성의 하락과 연결되면서 향후 세계시장을 향한 기업가들이나 투자자들의 투자정책은 새로운 시장의 개척과도 연결될 수 있다. 인구증가율이나 기술보급 등을 감안하여 인도(India)를 비롯하여 베트남(Vietnam) 시장 등이 투자로서의 매력도를 가지고 있는 것도 이와 같은 자본적인 지출 측면에서 살펴볼 필요성도 제기되고 있다.
	따라서 이들 나라들에 대한 부(자산) 효과와 관련하여 시계열(time series) 상으로 분석해 나가는 것도 향후 투자의 대안 또는 새로이 부각되고 있는 반드시 주목할 필요성이 제기되는 대상이 되고 있기도 하다.

　　따라서 이들 나라들에 대한 부(자산) 효과와 관련하여 시계열(time series) 상으

로 분석해 나가는 것도 향후 투자의 대안 또는 새로이 부각되고 있는 반드시 주목할
필요성이 제기되는 대상이 되고 있기도 하다.

모집단의 경우 조사대상과 관련하여 선정을 하여야 한다. 예를 들어, "인도와
베트남지역의 구매력을 수반한 인구 또는 경제활동인구를 조사하려고 한다"든가 하
는 것이 필요하다는 것이다. 표본조사와 관련하여서는 패널(panel) 데이터 조사를
통하여 국가단위 또는 연구소단위로 발표하고 이를 학계나 연구단체에서 분석결과
를 발표하기도 한다.

표 3-5   모집단에서 조사대상과 관련된 선정과정

정 의	구 성
모집단에서 조사대상과 관련된 선정과정	모집단의 경우 조사대상과 관련하여 선정을 하여야 한다. 예를 들어, "인도와 베트남지역의 구매력을 수반한 인구 또는 경제활동인구를 조사하려고 한다"든가 하는 것이 필요하다는 것이다. 표본조사와 관련하여서는 패널(panel) 데이터 조사를 통하여 국가단위 또는 연구소단위로 발표하고 이를 학계나 연구단체에서 분석결과를 발표하기도 한다.
	이와 같이 조사할 경우 새로이 태어나는 인구와 사망하는 인구와 같이 모집단의 숫자를 정확히 알기도 어렵고 표본(sample)조사를 통하여서도 어려움을 갖게 되는 원천 데이터의 수집에 애로사항이 발생되기도 한다.
	이것이 통계학이 지니는 어려움 중에 하나일 수도 있어서 경우에 따라 이와 같은 데이터의 경우 예를 들어 5년에 한 번 또는 10년에 한 번 정도의 표본과 모집단 전체에 대한 동시에 전수조사와의 비교도 필요하며, 경우에 따라 전수조사가 꼭 필요한 부분이 있기도 하다.

표 3-6   모집단의 종류

정 의	구 성
모집단에서 유한 개 수	특정 집단의 나열된 숫자에 대한 조사에 의하여 밝혀진 사실
모집단에서 가상의 수	일일이 전수조사가 어려운 경우 한 번의 조사를 통하여 추세치를 통하여 향후 개수에 대한 추정

| 표 3-7 | 기술에 의한 또는 설명에 의한 통계처리 방식과 추론에 의한 통계처리 과정 |

정 의	구 성
기술에 의한 또는 설명에 의한 통계처리 방식	자료에 대한 서술적인 통계의 부분으로 습득한 정보에 대하여 조직화하며 설명 및 요약의 단계
추론 또는 추리에 의한 통계처리 과정	모집의 표본에서 획득한 정보의 자료를 이용하여 전체 모집단에 대하여 추론을 하는 과정을 의미하며, 이와 같은 모집단에 대한 추론과정에서의 신뢰성이 무엇보다 중요하며 측정의 방법들이 상이함으로 적합한 데이터에 대한 분석방법론을 채택하는 것이 중요한 과정임

　　이와 같이 조사할 경우 새로이 태어나는 인구와 사망하는 인구와 같이 모집단의 숫자를 정확히 알기도 어렵고 표본(sample)조사를 통하여서도 어려움을 갖게 되는 원천 데이터의 수집에 애로사항이 발생되기도 한다.

　　이것이 통계학이 지니는 어려움 중에 하나일 수도 있어서 경우에 따라 이와 같은 데이터의 경우 예를 들어 5년에 한 번 또는 10년에 한 번 정도의 표본과 모집단 전체에 대한 동시에 전수조사와의 비교도 필요하며, 경우에 따라 전수조사가 꼭 필요한 부분이 있기도 하다.

| 그림 3-5 | 한국 주택매매가격지수(KB) 총지수(1986년 1월~2019년 1월)와 주택매매가격지수(KB) 총지수(서울)(1986년 1월~2019년 1월) 동향 |

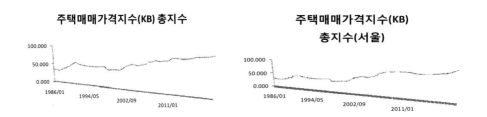

　　<그림 3-5>에는 한국 주택매매가격지수(KB) 총지수(1986년 1월~2019년 1월)와 주택매매가격지수(KB) 총지수(서울)(1986년 1월~2019년 1월) 동향이 나와 있다. 이 자료는 한국은행(Bank of Korea)에서 제공하는 경제통계와 관련된 시스템(인터넷 홈페이지)을 통하여 입수한 것이다. 이 자료들을 토대로 살펴보면, 2018년 이후 2019년

초까지의 최근 상황에서 꾸준한 상승세를 알 수 있다.

그림 3-6 한국 소비자물가지수(1986년 1월~2018년 12월)와 한국 주택매매가격지수(KB) 총지수(1986년 1월~2019년 1월)의 동향

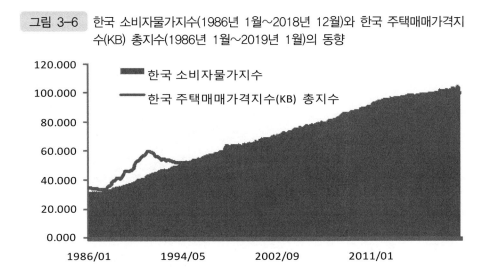

<그림 3-6>은 한국 소비자물가지수(1986년 1월~2018년 12월)와 한국 주택매매가격지수(KB) 총지수(1986년 1월~2019년 1월)의 동향이 표기되어 있다. 그리고 <그림 3-7>에는 한국 소비자물가지수(1986년 1월~2018년 12월)와 주택매매가격지수(KB) 총지수(서울)(1986년 1월~2019년 1월)의 동향이 나와 있다. 이 자료는 한국은행(Bank of Korea)에서 제공하는 경제통계와 관련된 시스템(인터넷 홈페이지)을 통하여 입수한 것이다.

한국 소비자물가지수(1986년 1월~2018년 12월)와 한국 주택매매가격지수(KB) 총지수(1986년 1월~2018년 12월) 및 한국 소비자물가지수(1986년 1월~2018년 12월)와 주택매매가격지수(KB) 총지수(서울)(1986년 1월~2018년 12월)의 상관계수는 각각 0.939와 0.932의 높은 상관성을 나타내고 있다. 따라서 한국에서 부(주택가격) 효과가 존재할 수 있음을 알 수 있다.

그림 3-7 한국 소비자물가지수(1986년 1월~2018년 12월)와 주택매매가격지수(KB) 총지수(서울)(1986년 1월~2019년 1월)의 동향

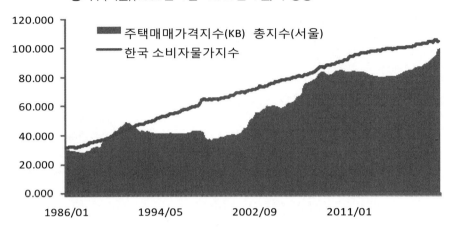

2019년 초에 들어 주가 변동성(volatility)의 확대가 커지면서 부동산 관련 펀드에 대한 관심도도 증가하였다. 이는 중간정도의 위험(risk) 및 중간정도의 수익률(yield)을 추구하는 유동성의 자금들이 관심을 갖고 있기 때문이다.

앞에서도 지적한 바와 같이 주택을 비롯한 부동산(real estate)의 경우 모집단(population)의 수가 전국에 산재해 있고 다양하다. 그리고 표본(sample)은 서울 또는 수도권, 예를 들어 서울에서도 특정 지역에 대한 강남과 강북으로 나누기도 한다. 그리고 지방으로 전국을 나눌 때 특별시, 광역자치단체 또는 기초단체에 대하여 어느 특정 지역을 선정하기도 한다. 이 경우 모집단은 전국이고 특정 지역이 한국의 전국을 대표하는 표본이 될 수도 있다.

이것보다는 패널데이터(panel data)로 1,000가구 또는 특정 가구 수를 표본을 통하여 매년 골고루 선정(selection)하여 전국에 걸쳐서 똑같은 가구를 대상으로 주택형태별로 주택가격 또는 부동산가격의 움직임을 추적하여 알아볼 수 있다. 이와 같은 경우가 더욱 정확한 데이터로서 유용성을 나타낼 수도 있다.

신흥국가들과 선진국들의 경기변동(business cycle)을 통하여 그리고 금리정책(interest policy)에 따른 장기와 단기의 변동성 및 유동성 흐름에 따라 그리고 무엇보다도 규제(regulation) 및 역세권과 같은 지리적 요인과 교통, 학군 등 다양한 요소에

따라서 주택가격이 변화하게 된다. 그리고 주택 내에서도 아파트와 같은 공동주택인지 그리고 단독주택인지와 같은 요소 및 새로운 집인지 혹은 지어진 지 오래된 집인지와 같은 시간의 흐름에 따라서도 영향을 받기도 한다.

또한 특정 국가의 경우에 있어서 미국을 비롯한 유럽 등 세계적인 부동산 경기변동에 따라 영향을 받기도 한다. 무엇보다도 미국의 서브프라임 모기지 사태에서도 살펴보듯이 주택저당의 파생상품을 비롯한 부동산 관련 상품은 금융정책 또는 금리에도 직접 또는 간접적인 영향을 받을 수도 있다.

이와 같은 미국의 금리정책의 경우 세계 부동산시장에 영향을 주기도 하는 것으로 알려져 있다. 한편 유동성 관련 투자에서 주가와 같은 금융 관련 변수와 부동산 또는 주택가격의 대체적인 성격이 있는지와 관련된 연구도 지속되어져 온 바도 있다.

표 3-8   미국의 금리정책(interest policy)과 세계 부동산 경기변동

정 의	구 성
미국의 금리정책과 세계 부동산 경기변동	신흥국가들과 선진국들의 경기변동(business cycle)을 통하여 그리고 금리정책(interest policy)에 따른 장기와 단기의 변동성 및 유동성 흐름에 따라 그리고 무엇보다도 규제(regulation) 및 역세권과 같은 지리적 요인과 교통, 학군 등 다양한 요소에 따라서 주택가격이 변화하게 된다. 그리고 주택 내에서도 아파트와 같은 공동주택인지 그리고 단독주택인지와 같은 요소 및 새로운 집인지 혹은 지어진 지 오래된 집인지와 같은 시간의 흐름에 따라서도 영향을 받기도 한다.
	특정 국가의 경우에 있어서 미국을 비롯한 유럽 등 세계적인 부동산 경기변동에 따라 영향을 받기도 한다. 무엇보다도 미국의 서브프라임 모기지 사태에서도 살펴보듯이 주택저당의 파생상품을 비롯한 부동산 관련 상품은 금융정책 또는 금리에도 직접 또는 간접적인 영향을 받을 수도 있다.
	미국의 금리정책의 경우 세계 부동산시장에 영향을 주기도 하는 것으로 알려져 있다. 한편 유동성 관련 투자에서 주가와 같은 금융 관련 변수와 부동산 또는 주택가격의 대체적인 성격이 있는지와 관련된 연구도 지속되어져 온 바도 있다.

<그림 3-8>에는 부(자산) 효과와 부(금융) 및 부(부동산) 효과 등에 따른 소비 부문의 영향이 나타나 있다. 앞에서도 살펴보았듯이 부(자산) 효과 중에서 부(금융)에

서 금융을 더 세분화하여 살펴보면 주식, 펀드 등으로 나누어 살펴볼 수 있다. 이는 국가별로 상이한 형태로 소비효과가 있을 수도 있고, 경우에 따라서 없을 수도 있다.

부(부동산) 효과 중에서 부(부동산)에서 부동산의 경우 지가 또는 주택가격 등에 따라 천차만별로 소비부문에 영향을 줄 수 있다. 그리고 앞에서도 지적한 바와 같이 규제를 비롯하여 각종 정책이 영향을 주기도 한다.

그 동안의 미국을 비롯한 연구결과에 따르면 주택을 비롯한 부동산가격에 있어서 규제의 완화와 강화가 가장 크게 주택을 비롯한 부동산가격에 영향을 주고 있음을 지적하고 있다. 따라서 국가별로 해당 국가의 부동산 관련 정책도 잘 살펴볼 필요가 있다.

그림 3-8　부(자산) 효과와 부(금융) 및 부(부동산) 효과 등에 따른 소비부문의 영향

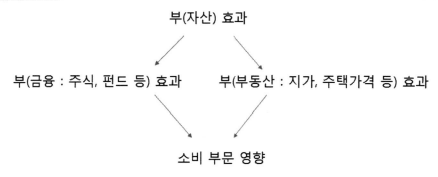

그림 3-9　위험과 수익의 관계에 있어서의 자산별 분포도

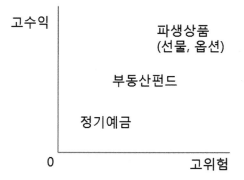

<그림 3-9>에는 위험과 수익의 관계에 있어서의 자산별 분포도가 나타나 있다. 정기예금의 경우 5천만 원까지는 예금보험공사에 의하여 보호를 받으며 전액 모두 투자자가 회수할 수 있음으로 사실상 위험이 없으며, 다른 부동산펀드와 파생 상품(선물, 옵션)보다 수익률도 낮을 수 있음을 예시하고 있다.

반면에 부동산펀드의 경우 앞에서도 지적한 바와 같이 정기예금과 파생상품(선물, 옵션)과 함께 분석할 때 중간 정도의 위험과 중간 정도의 수익률을 올릴 수 있음을 나타내고 있다. 한편, 파생상품(선물, 옵션)의 경우 위험도 높지만 이에 따른 위험 프리미엄(risk premium) 때문에서 수익률도 높을 수 있음을 알 수 있다.

<그림 3-10>에는 싱가포르 STI 주가지수(1999년 8월~2018년 12월)와 홍콩 hang-seng 주가지수(1980년 1월~2018년 12월) 동향이 표기되어 있다. 이 자료는 한국은행(Bank of Korea)에서 제공하는 경제통계와 관련된 시스템(인터넷 홈페이지)을 통하여 입수한 것이다.

미국과 중국의 경기와 금리정책, 주가지수의 흐름 등에 영향을 받는 이들 신흥 국가들의 주식시장이 2018년 말까지 비교적 양호한 흐름(역사적 흐름에서 평균 이상)을 나타낸 것을 알 수 있다. 특히 홍콩 항셍지수의 경우에 있어서 이와 같은 흐름이 보다 분명하였던 시기로 판단된다.

그림 3-10   싱가포르 STI 주가지수(1999년 8월~2018년 12월)와 홍콩 hang-seng 주가지수(1980년 1월~2018년 12월) 동향

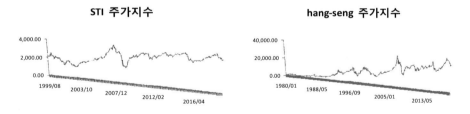

앞서 살펴본 바와 같이 소비에는 부(주식을 비롯한 금융)뿐만 아니라 부(주택가격을 비롯한 부동산) 효과 및 투자와 관련된 효과 등에 의하여 영향을 받게 된다. 이는 재무분석에서 자주 사용되는 CAPM(Capital Asset Pricing Model: 자본자산가격의 결정모

표 3-9　부(금융) 효과에 대한 분석방법 및 효과

정 의	구 성
부(금융) 효과에 대한 분석방법 및 효과	소비에는 부(주식을 비롯한 금융)뿐만 아니라 부(주택가격을 비롯한 부동산) 효과 및 투자와 관련된 효과 등에 의하여 영향을 받게 된다. 이는 재무분석에서 자주 사용되는 CAPM(Capital Asset Pricing Model: 자본자산가격의 결정모형)과도 연결되어 분석된다. 계량경제학적인 방법론으로는 앞서 소개해 드린 VAR 또는 VECM 그리고 GMM 분석방법 등이 사용될 수 있으며, 데이터로는 분기별 또는 연별, 경우에 따라 데이터의 입수가 용이할 경우에 있어서 월별 자료가 사용되기도 한다.
	분기별 이상의 자료에 대한 유럽과 미국을 중심으로 한 분석들을 종합하여 살펴보면, 첫째 소비에 대한 부(금융) 효과가 비교적 크고 통계적으로도 유용한 경우가 많았다. 특히 단기에 있어서보다는 장기일수록 2배 약간 넘는 정도에서 효과가 큰 것으로 나타났다. 둘째 부(주택가격) 효과의 경우에 있어서 실제적인 효과가 크지 않거나 통계적인 유의성이 부족한 경우가 적게라도 있었다.

형)과도 연결되어 분석된다. 계량경제학적인 방법론으로는 앞서 소개해 드린 VAR 또는 VECM 그리고 GMM 분석방법 등이 사용될 수 있으며, 데이터로는 분기별 또는 연별, 경우에 따라 데이터의 입수가 용이할 경우에 있어서 월별 자료가 사용되기도 한다.

　　분기별 이상의 자료에 대한 유럽과 미국을 중심으로 한 분석들을 종합하여 살펴보면, 첫째 소비에 대한 부(금융) 효과가 비교적 크고 통계적으로도 유용한 경우가 많았다. 특히 단기에 있어서보다는 장기일수록 2배 약간 넘는 정도에서 효과가 큰 것으로 나타났다. 둘째 부(주택가격) 효과의 경우에 있어서 실제적인 효과가 크지 않거나 통계적인 유의성이 부족한 경우가 적게라도 있었다.

제2절 | 부동산 수요와 재산세 변동 효과

　　재산세 인하의 경우 유럽과 미국을 비롯한 선진국에서 부동산의 수요에 대하여 긍정적인 요인으로 작용한다고 일반적으로 알려져 있다. 이는 재산세가 주택에 대한 월세를 비롯한 임대수익과 인구의 연령분포 등 다양한 변수를 함께 고려하여 분석할 경우 일반적으로 시장에서의 시계열(time series) 상 움직임에 대한 판단이다.

표 3-10 부동산 수요와 재산세 변동 효과

정 의	구 성
부동산 수요와 재산세 변동 효과	재산세 인하의 경우 유럽과 미국을 비롯한 선진국에서 부동산의 수요에 대하여 긍정적인 요인으로 작용한다고 일반적으로 알려져 있다. 이는 재산세가 주택에 대한 월세를 비롯한 임대수익과 인구의 연령분포 등 다양한 변수를 함께 고려하여 분석할 경우 일반적으로 시장에서의 시계열(time series) 상 움직임에 대한 판단이다.

표 3-11 이자소득세 및 투자

정 의	구 성
이자소득세 및 투자	다른 자본에 의한 소득세보다 이자에 의해 발생하는 소득에 대한 과세는 다른 금융소득과 형평성이 맞게 형성되어 있는지 금융소득이 많은 투자자들은 간혹 의문을 제시하고 있다. 이는 부동산에 의한 월세 수입과 비교되기도 하고, 부채 수준이 높은 사람들과 약간의 이자소득에 의존하여 생활하는 사람들 간에 있어서의 형평성과 국가적인 차원에서의 자금의 선순환과 경기에 대한 효율적인 작용으로의 긍정적인 영향이 있는지 등과 맞물려 있다.
	이자소득세의 강화는 투자자들 사이에서도 위험회피적인 경향이 강한 사람들에게 피해가 갈 수도 있다. 이와 같이 이자소득세의 경우 금융과 실물부문에 대한 투자자금의 흐름에도 영향을 줄 수 있고, 개인투자자들 사이에서도 위험에 대한 투자경향에 따라 상이한 영향을 줄 수도 있다.

다른 자본에 의한 소득세보다 이자에 의해 발생하는 소득에 대한 과세는 다른 금융소득과 형평성이 맞게 형성되어 있는지 금융소득이 많은 투자자들은 간혹 의문을 제시하고 있다. 이는 부동산에 의한 월세 수입과 비교되기도 하고, 부채 수준이 높은 사람들과 약간의 이자소득에 의존하여 생활하는 사람들 간에 있어서의 형평성과 국가적인 차원에서의 자금의 선순환과 경기에 대한 효율적인 작용으로의 긍정적인 영향이 있는지 등과 맞물려 있다.

이자소득세의 강화는 투자자들 사이에서도 위험회피적인 경향이 강한 사람들에게 피해가 갈 수도 있다. 이와 같이 이자소득세의 경우 금융과 실물 부문에 대한 투자자금의 흐름에도 영향을 줄 수 있고, 개인투자자들 사이에서도 위험에 대한 투자경향에 따라 상이한 영향을 줄 수도 있다.

한국에 있어서 2019년 1분기에 있어서 다주택자와 고가의 아파트 소유자의 세금에 대한 부담금액이 상대적으로 증가하고 있는 것으로 알려져 있다. 이는 세제인상분에 대한 가격전가(transferring)가 가능한지와 관련하여서는 재정학적인 영역에 닿아 있다.

표 3-12 부동산세제의 인상과 재정학적인 영역

정 의	구 성
부동산세제의 인상과 재정학적인 영역	한국에 있어서 2019년 1분기에 있어서 다주택자와 고가의 아파트 소유자의 세금에 대한 부담금액이 상대적으로 증가하고 있는 것으로 알려져 있다. 이는 세제인상분에 대한 가격전가(transferring)가 가능한지와 관련하여서는 재정학적인 영역에 닿아 있다.

표 3-13 부동산세제에 의한 경제적인 파급효과

정 의	구 성
부동산세제에 의한 경제적인 파급효과	공시가격의 상승은 종합부동산세제의 강화로 이어질 수 있으며, 한국의 경우 2019년 1분기 들어 전국 주택의 2%가 이에 해당하는 것으로 알려지고 있다. 이와 같은 부동산세제의 강화가 건설투자와 건설경기에 주는 영향력과 관련하여서는 계량경제적인 분석과 경기변동(business cycle)에 대한 연구를 통하여 살펴볼 수 있을 것이다. 이는 국가적인 단위에서의 경제상황과 개인 및 기업들의 체감경기 등의 관점에서 알아볼 수 있는 것이다. 부동산세제가 한국경제 상황 및 투자 등과 관련하여 긍정적인 효과가 있는지와 관련하여 알아볼 수 있는 측면이다.

공시가격의 상승은 종합부동산세제의 강화로 이어질 수 있으며, 한국의 경우 2019년 1분기 들어 전국 주택의 2%가 이에 해당하는 것으로 알려지고 있다. 이와 같은 부동산세제의 강화가 건설투자와 건설경기에 주는 영향력과 관련하여서는 계량경제적인 분석과 경기변동(business cycle)에 대한 연구를 통하여 살펴볼 수 있을 것이다. 이는 국가적인 단위에서의 경제상황과 개인 및 기업들의 체감경기 등의 관점에서 알아볼 수 있는 것이다. 부동산세제가 한국경제 상황 및 투자 등과 관련하여 긍정적인 효과가 있는지와 관련하여 알아볼 수 있는 측면이다.

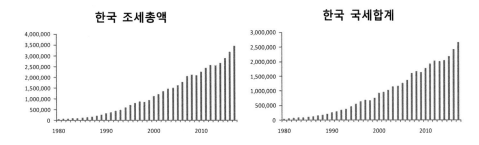

그림 3-11 │ 한국 조세총액(1980~2017년, 연간, 억원 단위)과 한국 국세합계(1980~ 2017년, 연간, 억원 단위) 동향

<그림 3-11>에는 한국 조세총액(1980~2017년, 연간, 억원 단위)과 한국 국세합계(1980~2017년, 연간, 억원 단위) 동향이 기록되어 있다. 이 자료는 한국은행(Bank of Korea)에서 제공하는 경제통계와 관련된 시스템(인터넷 홈페이지)을 통하여 입수한 것이다.

한국경제(Korea Economy)의 발전 양상에 따라 자연스러운 증가분으로 한국의 조세총액과 한국의 국세합계도 증가하는 모습을 보이고 있으며, 최근 들어 이러한

그림 3-12 │ 한국 조세총액(1980~2017년, 연간, 억원 단위, 우축)과 한국 산업생산지수(계절변동조정)(1980~2018년, 연간, 2015=100 기준, 좌축) 동향

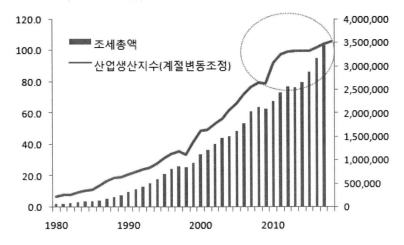

모습은 더욱 뚜렷한 것으로 나타나 있다.[2]

    <그림 3 – 12>에는 한국 조세총액(1980~2017년, 연간, 억원 단위, 우축)과 한국 산업생산지수(계절변동조정)(1980~2018년, 연간, 2015 = 100 기준, 좌축) 동향이 기록되어 있다. 이 자료는 한국은행(Bank of Korea)에서 제공하는 경제통계와 관련된 시스템(인터넷 홈페이지)을 통하여 입수한 것이다. 따라서 한국 조세총액(1980~2017년)과 한국 산업생산지수(계절변동조정)(1980~2017년)의 상관계수는 0.990의 매우 높은 상관성을 나타내고 있다. 따라서 이는 한국의 조세체계에 있어서는 경제발전 양상이 절대적으로 중요함을 알 수 있다.

    <그림 3 – 13>에는 한국 국세합계(1980~2017년, 연간, 억원 단위, 우축)와 한국 산업생산지수(계절변동조정)(1980~2018년, 연간, 2015 = 100 기준, 좌축) 동향이 기록되어 있다. 이 자료는 한국은행(Bank of Korea)에서 제공하는 경제통계와 관련된 시스템

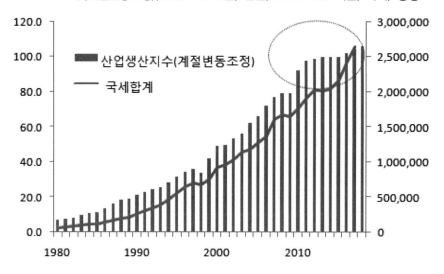

그림 3-13 한국 국세합계(1980~2017년, 연간, 억원 단위, 우축)와 한국 산업생산지수(계절변동조정)(1980~2018년, 연간, 2015=100 기준, 좌축) 동향

---

2) Mink, R.(2005), Implicit assets and liabilities within an updated System of National Accounts, note prepared for the IMF/BEA Task Meeting on Pensions, 21 to 23 September 2005, Washington DC, pp. 26 – 72.

제2편 부(금융 및 주택가격) 효과와 재테크통계학의 도수분포

(인터넷 홈페이지)을 통하여 입수한 것이다.

이에 따라 한국 조세총액(1980~2017년)과 한국 산업생산지수(계절변동조정)(1980~
2017년)의 상관계수는 0.991의 매우 높은 상관성을 나타내고 있다. 따라서 이는 한
국의 조세총액과 더불어 국세합계에 있어서 경제발전 양상이 절대적으로 중요함을
알 수 있다.

한국의 4차 산업혁명에 있어서도 단순한 일자리가 사라져 고용이 불안정성
(unstable)할 수 있다는 주장과 4차 산업혁명으로 인하여 고급 양질의 새로운 일자리
들이 창출될 것이라는 주장이 상반되어 있는 것이 사실이다.

따라서 한국경제는 실업률(unemployment)을 낮추고 경제의 호황국면을 길게 가
져갈 수 있는 정책이 매우 중요한 시점에 놓여 있다. 특히 한국경제는 선진국과 같
은 기술혁신(technology innovation)과 함께 대규모 인력을 고용할 수 있는 제조업 및
고부가가치를 창출할 수 있는 서비스업 등이 조화롭게 상생하면서 발전해 나가야
하는 시점에 놓여 있는 상황이다.

2007년부터 시작된 미국의 서브프라임 모기지에 따라 진행된 금융위기 및 서
방 유로지역에 있어서의 금융위기는 공공 부문의 부채문제에 있어서 심각성을 야기
하였다. 특히 남부 유럽에 해당하는 그리스와 이탈리아의 경우에 있어서는 GDP 대
비의 기준으로 볼 때 가장 높은 수준의 공공 부문의 부채문제를 가졌다.

이와 같은 공공 부문의 부채문제는 결국 사적인 부문에도 영향을 미칠 수 있고
국가 전체적인 경제 선순환 시스템에도 부정적인 영향을 줄 수 있다. 따라서 국가에

표 3-14　공공 부문의 부채문제와 국가경제 시스템

정 의	구 성
공공 부문의 부채문제와 국가경제 시스템	2007년부터 시작된 미국의 서브프라임 모기지에 따라 진행된 금융 위기 및 서방 유로지역에 있어서의 금융위기는 공공 부문의 부채문 제에 있어서 심각성을 야기하였다. 특히 남부 유럽에 해당하는 그 리스와 이탈리아의 경우에 있어서는 GDP 대비의 기준으로 볼 때 가장 높은 수준의 공공 부문의 부채문제를 가졌다.
	공공 부문의 부채문제는 결국 사적인 부문에도 영향을 미칠 수 있 고 국가 전체적인 경제 선순환 시스템에도 부정적인 영향을 줄 수 있다. 따라서 국가에서는 공공 부문 부채문제에 있어서 정책적으로 잘 대응해 나갈 필요가 있다.

서는 공공 부문 부채문제에 있어서 정책적으로 잘 대응해 나갈 필요가 있다.

결국 공공 부문의 부채문제는 국가경제 시스템에 부정적인 영향을 주어 민간 부문에 있어서도 성장에 부정적인 영향을 줄 수 있기 때문에 국가적인 정책에 있어 서는 잘 대처해 나가야 하는 것이다. 이와 관련하여 미국의 금리정책(interest policy) 을 특히 주시할 필요가 있다.

| 표 3-15 | 미국의 금리정책과 채권수익률 및 채권투자 |

정 의	구 성
미국의 금리정책과 채권수익률 및 채권 투자	미국의 중앙은행인 연방준비제도 이사회가 기준금리의 동결과 함께 2019년 말까지 금리인상이 없다는 점을 나타내면서 신흥국가(emerging market) 채권형의 펀드들에 대한 성과(performance) 측면에 있어서 기대감이 2019년 1분기 들어 높게 형성되고 있는데, 이는 금리의 하락이 채권의 가격상승으로 이어지기 때문이다.
	채권투자에 따른 수익의 증대 가능성이 높아지고 있는 것이다. 참고로 2006년의 신흥국가 달러표시의 채권수익률이 연간 기준으로 8%를 상회하였다. 여기서 2006년은 미국의 중앙은행인 연방준비제도 이사회가 금리를 인상시키는 주기에 있어서 후반부에 해당하는 시점이다.

미국의 중앙은행인 연방준비제도 이사회가 기준금리의 동결과 함께 2019년 말까지 금리인상이 없다는 점을 나타내면서 신흥국가(emerging market) 채권형의 펀드들에 대한 성과(performance) 측면에 있어서 기대감이 2019년 1분기 들어 높게 형성되고 있는데, 이는 금리의 하락이 채권의 가격상승으로 이어지기 때문이다.

이에 따라 채권투자에 따른 수익의 증대 가능성이 높아지고 있는 것이다. 참고로 2006년의 신흥국가 달러표시의 채권수익률이 연간 기준으로 8%를 상회하였다. 여기서 2006년은 미국의 중앙은행인 연방준비제도 이사회가 금리를 인상시키는 주기에 있어서 후반부에 해당하는 시점이다.

남부 유럽과 유사한 서방경제를 가지고 있는 호주의 경우에 있어서도 경기에 대한 불확실성(uncertainty)이 증대되면서 2019년 1분기 들어 미국의 금리인상에 대한 정책이 뒤로 물러나면서 2019년 하반기 경에는 호주(Australia) 중앙은행의 금리정책이 완화국면 즉 인하를 단행할 것이라는 시장에서의 여론이 형성되고 있다. 따라서 이머징마켓뿐만 아니라 호주의 채권투자에도 시장에서는 장기적인(long-term)

관점에서의 투자수익률에 대한 기대감이 높아지고 있다.

| 표 3-16 | 미국의 금리정책에 따른 장기적인 호주 채권투자수익률의 상관성 사례 |

정 의	구 성
미국의 금리정책에 따른 장기적인 호주(Australia) 채권투자수익률의 상관성 사례	남부 유럽과 유사한 서방경제를 가지고 있는 호주의 경우에 있어서도 경기에 대한 불확실성(uncertainty)이 증대되면서 2019년 1분기 들어 미국의 금리인상에 대한 정책이 뒤로 물러나면서 2019년 하반기 경에는 호주(Australia) 중앙은행의 금리정책이 완화국면 즉 인하를 단행할 것이라는 시장에서의 여론이 형성되고 있다. 따라서 이머징마켓뿐만 아니라 호주의 채권투자에도 시장에서는 장기적인(long-term) 관점에서의 투자수익률에 대한 기대감이 높아지고 있다.

| 그림 3-14 | 채권가격과 금리의 관계도 |

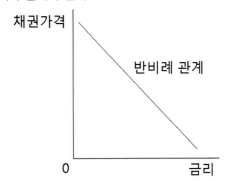

<그림 3-14>에는 채권가격과 금리의 관계도가 나와 있다. <그림 3-14>와 같이 금리의 하락은 채권의 가격상승으로 이어지고 이는 다시 채권투자에 따른 수익의 증대 가능성이 높아진다는 것이다.

주식의 경우에 있어서도 금리인하는 풍부한 유동성 자금의 증가로 인하여 유동성장세로 이어져 주가상승에 긍정적인 영향을 줄 수 있다. 또한 채권가격과 금리의 관계도 잘 살펴볼 필요도 있다. 이는 앞서 살펴본 바와 같이 이머징마켓의 채권수익률을 눈여겨 볼 필요성이 커진다는 측면과 연결되는 것이다. 이것은 <그림 3-15>에서와 같이 금리와 채권가격 및 채권투자 수익성의 관계에서도 확인해 볼 수 있다.

그림 3-15 금리와 채권가격 및 채권투자 수익성의 관계도

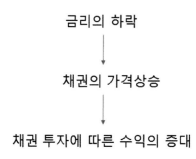

금리의 하락

↓

채권의 가격상승

↓

채권 투자에 따른 수익의 증대

그림 3-16 한국 내국세(1992~2017년, 연간, 억원 단위)와 한국 직접세(1992~2017
년, 연간, 억원 단위) 동향

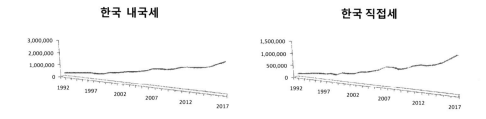

<그림 3-16>에는 한국 내국세(1992~2017년, 연간, 억원 단위)와 한국 직접세
(1992~2017년, 연간, 억원 단위) 동향이 기록되어 있다. 이 자료는 한국은행(Bank of
Korea)에서 제공하는 경제통계와 관련된 시스템(인터넷 홈페이지)을 통하여 입수한 것
이다. 앞서 한국 조세총액과 한국 국세합계의 동향에서와 같이 한국 내국세와 한국
직접세의 경우에 있어서도 최근 들어 상승폭이 확대된 것을 알 수 있다.

<그림 3-17>에는 한국 내국세(1992~2017년, 연간, 억원 단위, 우축)과 한국 산
업생산지수(계절변동조정)(1992~2017년, 연간, 2015=100 기준, 좌축) 동향이 기록되어
있다. 이 자료는 한국은행(Bank of Korea)에서 제공하는 경제통계와 관련된 시스템
(인터넷 홈페이지)을 통하여 입수한 것이다. 한편 한국의 내국세(1992~2017년)와 한국
의 산업생산지수(계절변동조정)(1992~2017년)의 상관계수는 0.978의 매우 높은 상관
성을 나타내고 있음을 알 수 있다.

　　　　　　　　　　　　　　　　　제2편 부(금융 및 주택가격) 효과와 재테크통계학의 도수분포

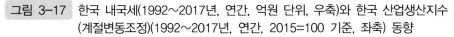

그림 3-17 한국 내국세(1992~2017년, 연간, 억원 단위, 우축)와 한국 산업생산지수
(계절변동조정)(1992~2017년, 연간, 2015=100 기준, 좌축) 동향

  한국의 경우 대외의존도가 매우 높은 국가이다. 그리고 수출(export) 지향적이
어서 제조업을 비롯한 국가 동력산업의 안정적인 유지가 매우 중요한 국가이기도
하다. 인구구조와 국토면적 등 여러 가지 상황으로 살펴볼 경우에도 내수에만 의존
할 수 없는 것이 한국경제이다.

  따라서 기업하기 좋은 환경이 무척이나 중요한 국가 중에 하나이고 이와 같은
산업자본(industry capital)이 무엇보다 중요한 나라이기도 하다. 따라서 이자소득세와
같은 금융자본에 대한 과세는 이와 같은 여건을 고려하여야 하고, 실물자산과 관련
된 세제는 건설투자(construction investment)를 잘 살펴보아야 하는 경제체제이기도
하다.

  투자에는 설비투자(equipment investment)와 건설투자가 있는데, 미국을 비롯한
선진국의 경기변동(business cycle)이 양호하지 않을 경우에도 대비하여야 하기 때문
이다. 제조업은 인력고용 측면에서 고려되어야 하고 서비스업은 고부가가치 사업으
로 잘 성장해 나가야 하는 기초경제 여건도 고려되어야 한다.[3]

---

3) Issing, O.(1997), "Monetary Targeting in Germany: the Stability of Monetary Policy
   and of the Monetary System, *Journal of Monetary Economics*, 39, pp. 67−79.

그림 3-18 한국 직접세(1992~2017년, 연간, 억원 단위, 우축)와 한국 산업생산지수
(계절변동조정)(1992~2017년, 연간, 2015=100 기준, 좌축) 동향

<그림 3-18>에는 한국 직접세(1992~2017년, 연간, 억원 단위, 우축)와 한국 산업생산지수(계절변동조정)(1992~2017년, 연간, 2015=100 기준, 좌축) 동향이 기록되어 있다. 이 자료는 한국은행(Bank of Korea)에서 제공하는 경제통계와 관련된 시스템(인터넷 홈페이지)을 통하여 입수한 것이다. 한편 한국의 직접세(1992~2017년)와 한국의 산업생산지수(계절변동조정)(1992~2017년)의 상관계수는 0.963의 매우 높은 상관성을 나타내고 있음을 알 수 있다.

2018년에는 서울지역의 아파트를 중심으로 한 가격에 대한 측면이 주요 이슈이었다면, 2019년 1분기까지 공시가격과 관련된 세제에 관심이 지대한 상황이다. 이는 세무당국에 의하여 과세를 기준에 삼을 때의 가격을 의미하기 때문이다. 그리고 복지 측면에서는 건강보험료의 책정시 관련되어 있는 기준이다.

따라서 공시가격의 상승은 월세든지 또는 전세를 올려달라는 전가(transfer) 현상으로 진행될지와 건강보험료의 인상요인이 되는지와 관련하여 국민들은 관심이 커질 수 있는 것이다.

표 3-17 공시가격의 변화와 전가(transfer) 현상

정 의	구 성
공시가격의 변화와 전가(transfer) 현상	2018년에는 서울지역의 아파트를 중심으로 한 가격에 대한 측면이 주요 이슈이었다면, 2019년 1분기까지 공시가격과 관련된 세제에 관심이 지대한 상황이다. 이는 세무당국에 의하여 과세를 기준에 삼을 때의 가격을 의미하기 때문이다. 그리고 복지 측면에서는 건강보험료의 책정 시 관련되어 있는 기준이다.
	공시가격의 상승은 월세든지 또는 전세를 올려달라는 전가(transfer) 현상으로 진행될지와 건강보험료의 인상요인이 되는지와 관련하여 국민들은 관심이 커질 수 있는 것이다.

종합부동산세(Comprehensive Real Estate Holding Tax)는 주택은 6억 원의 경우 해당하는데, 단 1세대의 1주택 자에 있어서는 9억 원을 초과할 경우 대상이 되고 있다. 이는 공시지가와 관련하여 이루어지고 있는 것이다.

표 3-18   공시가격과 종합부동산세(Comprehensive Real Estate Holding Tax)

정 의	구 성
공시가격과 종합부동산세(Comprehensive Real Estate Holding Tax)	종합부동산세(Comprehensive Real Estate Holding Tax)는 주택은 6억 원의 경우 해당하는데, 단 1세대의 1주택 자에 있어서는 9억 원을 초과할 경우 대상이 되고 있다. 이는 공시지가와 관련하여 이루어지고 있는 것이다.

일반적으로 재산세(property tax)는 재산에 있어서 소유와 취득 및 가격상승을 과세의 대상으로 하여 부과하는 조세에 해당한다. 따라서 재산의 가격이 상승하는 것에 비례하여 당연히 영향을 받을 수밖에 없는 것이다.

표 3-19   재산세(property tax)의 변화

정 의	구 성
재산세(property tax)의 변화	재산세(property tax)는 재산에 있어서 소유와 취득 및 가격상승을 과세의 대상으로 하여 부과하는 조세에 해당한다. 따라서 재산의 가격이 상승하는 것에 비례하여 당연히 영향을 받을 수밖에 없는 것이다.

연습 문제

01 모집단과 표본 추출의 단위에 대하여 설명하시오.

❚ 정답 ❚

정 의	구 성
모집단과 표본 추출의 단위 관련 내용	통계분석을 위하여 어떤 대상들이나 혹은 개인들에 대하여 특정 목적을 가지고 조사를 행할 수 있다. 모집단의 경우에 어떤 특성에 대하여 모집단 전체에 대한 조사가 불가능하거나 어렵기 때문에 표본을 통하여 이 모집단의 특성에 대한 측정을 할 수 있다.
	양적이거나 질적인 측면에서 알아볼 수 있다. 따라서 표본을 통하여 모집단에 대하여 추론을 할 수 있는 데이터의 수집을 할 수 있다. 이는 표본에 대하여 표본의 추출과 관련된 단위 혹은 단순히 단위라고 표기하기도 한다.

02 미국과 유럽의 부(금융) 효과와 부(주택가격) 효과에 대하여 설명하시오.

❚ 정답 ❚

부(자산) 효과는 경제에 주는 영향은 국가들마다 상이한 것으로 2000년대 중후반까지의 연구결과에서 나타나고 있다. 이는 각각의 국가들에 있어서 FTA(free trade agreement) 체결과 지역공동체에 따라서 다른 특징들을 갖고 있기 때문이다.

유럽의 경우 2000년대 중후반까지의 몇몇 연구결과에 따르면, 대체로 미국의 경우에 있어서 보다 부(주택자산) 효과가 작은 것으로 나타난 것을 알 수 있다. 2000년대 후반의 연구결과에 따르면, 유럽의 경우 부(금융) 효과가 부(주택가격) 효과보다 큰 것으로 나타났다. 따라서 한국의 부(주택가격) 효과에 대하여도 연구할 필요성이 있다.

03 배당의 정책에서 신고전학파와 토빈에 의한 Q효과에 대하여 설명하시오.

❚ 정답 ❚

신고전학파의 견해에 따르면 기업 가치는 기업들의 배당의 정책과는 무관하게 형성된다고 주장한다. 이는 앞에서 살펴본 바와 같이 토빈에 의한 Q효과가 1일 경우 투자에 대한 토빈에 의한 Q효과에서 기대이윤을 설비자금의 조달비용에 의하여 나누어 계산한 값이 같다는 것이고 이 비율이 의미를 가진다는 주장에 해당한다.

04 세계시장에서 자본적인 지출과 기업들의 수익성 측면에 대하여 설명하시오.

▌ 정답 ▟

중국의 중속성장정책이 세계시장에 반영되고, 이것이 기업들의 수익성의 하락과 연결되면서 향후 세계시장을 향한 기업가들이나 투자자들의 투자정책은 새로운 시장의 개척과도 연결될 수 있다. 인구증가율이나 기술보급 등을 감안하여 인도(India)를 비롯하여 베트남(Vietnam) 시장 등이 투자로서의 매력도를 가지고 있는 것도 이와 같은 자본적인 지출 측면에서 살펴볼 필요성도 제기되고 있다.

따라서 이들 나라들에 대한 부(자산) 효과와 관련하여 시계열(time series) 상으로 분석해 나가는 것도 향후 투자의 대안 또는 새로이 부각되고 있는 반드시 주목할 필요성이 제기되는 대상이 되고 있기도 하다.

05 모집단에서 조사대상과 관련된 선정과정에 대하여 설명하시오.

▌ 정답 ▟

정 의	구 성
모집단에서 조사대상과 관련된 선정 과정	모집단의 경우 조사대상과 관련하여 선정을 하여야 한다. 예를 들어, "인도와 베트남지역의 구매력을 수반한 인구 또는 경제활동인구를 조사하려고 한다"든가 하는 것이 필요하다는 것이다. 표본조사와 관련하여서는 패널(panel) 데이터 조사를 통하여 국가단위 또는 연구소단위로 발표하고 이를 학계나 연구단체에서 분석결과를 발표하기도 한다.
	이와 같이 조사할 경우 새로이 태어나는 인구와 사망하는 인구와 같이 모집단의 숫자를 정확히 알기도 어렵고 표본(sample)조사를 통하여서도 어려움을 갖게 되는 원천 데이터의 수집에 애로사항이 발생되기도 한다.
	이것이 통계학이 지니는 어려움 중에 하나일 수도 있어서 경우에 따라 이와 같은 데이터의 경우 예를 들어 5년에 한 번 또는 10년에 한 번 정도의 표본과 모집단 전체에 대한 동시에 전수조사와의 비교도 필요하며, 경우에 따라 전수조사가 꼭 필요한 부분이 있기도 하다.

06 재테크통계학에서 기본적으로 선정하여야 하는 모집단에서 이러한 모집단의 종류에 대하여 설명하시오.

▌ 정답 ▟

정 의	구 성
모집단에서 유한 개 수	특정 집단의 나열된 숫자에 대한 조사에 의하여 밝혀진 사실
모집단에서 가상의 수	일일이 전수조사가 어려운 경우 한 번의 조사를 통하여 추세치를 통하여 향후 개수에 대한 추정

07 기술에 의한 또는 설명에 의한 통계처리 방식과 추론에 의한 통계처리 과정에 대하여 설명하시오.

▎ 정답 ▎

정 의	구 성
기술에 의한 또는 설명에 의한 통계처리 방식	자료에 대한 서술적인 통계의 부분으로 습득한 정보에 대하여 조직화하며 설명 및 요약의 단계
추론 또는 추리에 의한 통계처리 과정	모집의 표본에서 획득한 정보의 자료를 이용하여 전체 모집단에 대하여 추론을 하는 과정을 의미하며, 이와 같은 모집단에 대한 추론과정에서의 신뢰성이 무엇보다 중요하며 측정의 방법들이 상이함으로 적합한 데이터에 대한 분석방법론을 채택하는 것이 중요한 과정임

08 미국의 금리정책(interest policy)과 세계 부동산 경기변동에 대하여 설명하시오.

▎ 정답 ▎

신흥국가들과 선진국들의 경기변동(business cycle)을 통하여 그리고 금리정책(interest policy)에 따른 장기와 단기의 변동성 및 유동성 흐름에 따라 그리고 무엇보다도 규제(regulation) 및 역세권과 같은 지리적 요인과 교통, 학군 등 다양한 요소에 따라서 주택가격이 변화하게 된다. 그리고 주택 내에서도 아파트와 같은 공동주택인지 그리고 단독주택인지와 같은 요소 및 새로운 집인지 혹은 지어진 지 오래된 집인지와 같은 시간의 흐름에 따라서도 영향을 받기도 한다.

또한 특정 국가의 경우에 있어서 미국을 비롯한 유럽 등 세계적인 부동산 경기변동에 따라 영향을 받기도 한다. 무엇보다도 미국의 서브프라임 모기지 사태에서도 살펴보듯이 주택저당의 파생상품을 비롯한 부동산 관련 상품은 금융정책 또는 금리에도 직접 또는 간접적인 영향을 받을 수도 있다.

이와 같은 미국의 금리정책의 경우 세계 부동산시장에 영향을 주기도 하는 것으로 알려져 있다. 한편 유동성 관련 투자에서 주가와 같은 금융 관련 변수와 부동산 또는 주택가격의 대체적인 성격이 있는지와 관련된 연구도 지속되어져 온 바도 있다.

09 부(금융) 효과에 대한 분석방법 및 효과에 대하여 설명하시오.

▎ 정답 ▎

정 의	구 성
부(금융) 효과에 대한 분석방법 및 효과	소비에는 부(주식을 비롯한 금융)뿐만 아니라 부(주택가격을 비롯한 부동산) 효과 및 투자와 관련된 효과 등에 의하여 영향을 받게 된다. 이는 재무분석에서 자주 사용되는 CAPM (Capital Asset Pricing Model: 자본자산가격의 결정모형)과도 연결되어 분석된다. 계량경제학적인 방법론으로는 앞서 소개해 드린 VAR

	또는 VECM 그리고 GMM 분석방법 등이 사용될 수 있으며, 데이터로는 분기별 또는 연별, 경우에 따라 데이터의 입수가 용이할 경우에 있어서 월별 자료가 사용되기도 한다.
	분기별 이상의 자료에 대한 유럽과 미국을 중심으로 한 분석들을 종합하여 살펴보면, 첫째 소비에 대한 부(금융) 효과가 비교적 크고 통계적으로도 유용한 경우가 많았다. 특히 단기에 있어서보다는 장기일수록 2배 약간 넘는 정도에서 효과가 큰 것으로 나타났다. 둘째 부(주택가격) 효과의 경우에 있어서 실제적인 효과가 크지 않거나 통계적인 유의성이 부족한 경우가 적게라도 있었다.

10 부동산 수요와 재산세 변동 효과에 대하여 설명하시오.

▮ 정답 ▮

정 의	구 성
부동산 수요와 재산세 변동 효과	재산세 인하의 경우 유럽과 미국을 비롯한 선진국에서 부동산의 수요에 대하여 긍정적인 요인으로 작용한다고 일반적으로 알려져 있다. 이는 재산세가 주택에 대한 월세를 비롯한 임대수익과 인구의 연령분포 등 다양한 변수를 함께 고려하여 분석할 경우 일반적으로 시장에서의 시계열(time series) 상 움직임에 대한 판단이다.

11 이자소득세 및 투자에 대하여 설명하시오.

▮ 정답 ▮

다른 자본에 의한 소득세보다 이자에 의해 발생하는 소득에 대한 과세는 다른 금융소득과 형평성이 맞게 형성되어 있는지 금융소득이 많은 투자자들은 간혹 의문을 제시하고 있다. 이는 부동산에 의한 월세 수입과 비교되기도 하고, 부채 수준이 높은 사람들과 약간의 이자소득에 의존하여 생활하는 사람들 간에 있어서의 형평성과 국가적인 차원에서의 자금의 선순환과 경기에 대한 효율적인 작용으로의 긍정적인 영향이 있는지 등과 맞물려 있다. 이자소득세의 강화는 투자자들 사이에서도 위험회피적인 경향이 강한 사람들에게 피해가 갈 수도 있다. 이와 같이 이자소득세의 경우 금융과 실물 부문에 대한 투자자금의 흐름에도 영향을 줄 수 있고, 개인투자자들 사이에서도 위험에 대한 투자경향에 따라 상이한 영향을 줄 수도 있다.

12 부동산세제의 인상과 재정학적인 영역에 대하여 설명하시오.

▌ 정답 ▌

정 의	구 성
부동산세제의 인상과 재정학적인 영역	한국에 있어서 2019년 1분기에 있어서 다주택자와 고가의 아파트 소유자의 세금에 대한 부담금액이 상대적으로 증가하고 있는 것으로 알려져 있다. 이는 세제인상분에 대한 가격전가 (transferring)가 가능한지와 관련하여서는 재정학적인 영역에 닿아 있다.

13 부동산세제에 의한 경제적인 파급효과에 대하여 설명하시오.

▌ 정답 ▌

정 의	구 성
부동산세제에 의한 경제적인 파급효과	공시가격의 상승은 종합부동산세제의 강화로 이어질 수 있으며, 한국의 경우 2019년 1분기 들어 전국 주택의 2%가 이에 해당하는 것으로 알려지고 있다. 이와 같은 부동산세제의 강화가 건설투자와 건설경기에 주는 영향력과 관련하여서는 계량경제적인 분석과 경기변동(business cycle)에 대한 연구를 통하여 살펴볼 수 있을 것이다. 이는 국가적인 단위에서의 경제상황과 개인 및 기업들의 체감경기 등의 관점에서 알아볼 수 있는 것이다. 부동산세제가 한국경제 상황 및 투자 등과 관련하여 긍정적인 효과가 있는지와 관련하여 알아볼 수 있는 측면이다.

14 공공 부문의 부채문제와 국가경제 시스템에 대하여 설명하시오.

▌ 정답 ▌

2007년부터 시작된 미국의 서브프라임 모기지에 따라 진행된 금융위기 및 서방 유로지역에 있어서의 금융위기는 공공 부문의 부채문제에 있어서 심각성을 야기하였다. 특히 남부 유럽에 해당하는 그리스와 이탈리아의 경우에 있어서는 GDP 대비의 기준으로 볼 때 가장 높은 수준의 공공 부문의 부채문제를 가졌다.

이와 같은 공공 부문의 부채 문제는 결국 사적인 부문에도 영향을 미칠 수 있고 국가 전체적인 경제 선순환 시스템에도 부정적인 영향을 줄 수 있다. 따라서 국가에서는 공공 부문 부채문제에 있어서 잘 정책적으로 대응해 나갈 필요가 있다.

15 미국의 금리정책과 채권수익률 및 채권투자에 대하여 설명하시오.

▮ 정답 ▮

정 의	구 성
미국의 금리정책과 채권수익률 및 채권투자	미국의 중앙은행인 연방준비제도 이사회가 기준금리의 동결과 함께 2019년 말까지 금리인상이 없다는 점을 나타내면서 신흥국가(emerging market) 채권형의 펀드들에 대한 성과(performance) 측면에 있어서 기대감이 2019년 1분기 들어 높게 형성되고 있는데, 이는 금리의 하락이 채권의 가격상승으로 이어지기 때문이다.
	채권 투자에 따른 수익의 증대 가능성이 높아지고 있는 것이다. 참고로 2006년의 신흥국가 달러표시의 채권수익률이 연간 기준으로 8%를 상회하였다. 여기서 2006년은 미국의 중앙은행인 연방준비제도 이사회가 금리를 인상시키는 주기에 있어서 후반부에 해당하는 시점이다.

16 미국의 금리정책에 따른 장기적인 호주(Australia) 채권투자수익률의 상관성 사례에 대하여 설명하시오.

▮ 정답 ▮

정 의	구 성
미국의 금리정책에 따른 장기적인 호주(Australia) 채권 투자수익률의 상관성 사례	남부 유럽과 유사한 서방경제를 가지고 있는 호주의 경우에 있어서도 경기에 대한 불확실성(uncertainty)이 증대되면서 2019년 1분기 들어 미국의 금리인상에 대한 정책이 뒤로 물러나면서 2019년 하반기 경에는 호주(Australia) 중앙은행의 금리정책이 완화국면 즉 인하를 단행할 것이라는 시장에서의 여론이 형성되고 있다. 따라서 이머징마켓뿐만 아니라 호주의 채권투자에도 시장에서는 장기적인(long-term) 관점에서의 투자수익률에 대한 기대감이 높아지고 있다.

17 공시가격의 변화와 전가(transfer) 현상에 대하여 설명하시오.

▮ 정답 ▮

2018년에는 서울지역의 아파트를 중심으로 한 가격에 대한 측면이 주요 이슈이었다면, 2019년 1분기까지 공시가격과 관련된 세제에 관심이 지대한 상황이다. 이는 세무당국에 의하여 과세를 기준에 삼을 때의 가격을 의미하기 때문이다. 그리고 복지 측면에서는 건강보험료의 책정시 관련되어 있는 기준이다.

따라서 공시가격의 상승은 월세든지 또는 전세를 올려달라는 전가(transfer) 현상으로 진행될지와 건강보험료의 인상요인이 되는지와 관련하여 국민들은 관심이 커질 수 있는 것이다.

18 공시가격과 종합부동산세(Comprehensive Real Estate Holding Tax)에 대하여 설명하시오.

▌ 정답 ▟

정 의	구 성
공시가격과 종합부동산세 (Comprehensive Real Estate Holding Tax)	종합부동산세(Comprehensive Real Estate Holding Tax)는 주택은 6억 원의 경우 해당하는데, 단 1세대의 1주택 자에 있어서는 9억 원을 초과할 경우 대상이 되고 있다. 이는 공시지가와 관련하여 이루어지고 있는 것이다.

19 재산세(property tax)의 변화에 대하여 설명하시오.

▌ 정답 ▟

정 의	구 성
재산세(property tax)의 변화	재산세(property tax)는 재산에 있어서 소유와 취득 및 가격상승을 과세의 대상으로 하여 부과하는 조세에 해당한다. 따라서 재산의 가격이 상승하는 것에 비례하여 당연히 영향을 받을 수밖에 없는 것이다.

재테크통계학의 도수와 범위, 계급

제1절 | 재테크통계학의 도수와 계급

상대적인 도수는 f_a(a는 1부터 n까지 중에서 임의의 계급에 해당하는 숫자)를 해당 도수로 불리는 총합에 의한 수로 나누어서 구할 수 있다. 여기서 f는 영문 빈도를 의미하는 frequency에 해당한다. 이와 같은 상대적인 도수의 경우 각각의 해당되는 도수에 의하여 산출될 수 있다.

표 4-1 재테크통계학의 상대적인 도수의 개념

정 의	구 성
재테크통계학의 상대적인 도수의 개념	상대적인 도수는 f_a(a는 1부터 n까지 중에서 임의의 계급에 해당하는 숫자)를 해당 도수로 불리는 총합에 의한 수로 나누어서 구할 수 있다. 여기서 f는 영문 빈도를 의미하는 frequency에 해당한다. 이와 같은 상대적인 도수의 경우 각각의 해당되는 도수에 의하여 산출될 수 있다.

그림 4-1 한국 상속세(1992~2017년, 연간, 억원 단위)와 한국 토지초과이득세
(1992~1998년, 연간, 억원 단위) 동향

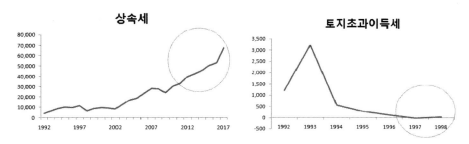

이와 같은 도수들의 체계에 의하여 <그림 4-1>에는 한국 상속세(1992~2017
년, 연간, 억원 단위)와 한국 토지초과이득세(1992~1998년, 연간, 억원 단위) 동향이 기록
되어 있다. 이 자료는 한국은행(Bank of Korea)에서 제공하는 경제통계와 관련된 시
스템(인터넷 홈페이지)을 통하여 입수한 것이다.

한편 한국의 상속세(1992~2017년)와 한국의 산업생산지수(계절변동조정)(1992~
2017년)의 상관계수는 0.916의 매우 높은 상관성을 나타내고 있음을 알 수 있다. 상
속세의 경우 기업들의 경우 가업 상속과 관련하여 세제의 비중과 관련하여 다양한
의견들이 제시되고 있기도 한 상황이다.

<그림 4-2>에는 한국 상속세(1992~2017년, 연간, 억원 단위, 우축)와 한국 산업
생산지수(계절변동조정)(1992~2017년, 연간, 2015=100 기준, 좌축) 동향이 기록되어 있
다. 이 자료는 한국은행(Bank of Korea)에서 제공하는 경제통계와 관련된 시스템(인
터넷 홈페이지)을 통하여 입수한 것이다.

2019년 1분기 들어 다주택자들에 대한 세수부담이 증가하는 것으로 판단되고
있다. 이는 개인들의 상속세 부담과 연계해 볼 때 재산에 대한 보유부담 상승과 연
결되어 예상될 수도 있는 부분이다.

상속세는 이와 같은 재산의 이전과 관련된 재산세제이며, 동적인 재산세제에
해당한다. 이와 달리 재산의 소유와 관련된 재산세제는 정적인 재산세제가 이에 해
당하고 있다. 이와 같이 동적인 재산세제와 정적인 재산세제 체계가 있는 것이다.

한편 종합부동산세의 경우 2019년 1분기의 상황에서 직전년도 보유세와 비교
할 때 절반 이상의 상승은 없는 것으로 하여 세금의 지나친 부담요인은 아닌 것으로

판단해 볼 수 있다.

그림 4-2 한국 상속세(1992~2017년, 연간, 억원 단위, 우축)와 한국 산업생산지수
(계절변동조정)(1992~2017년, 연간, 2015=100 기준, 좌축) 동향

주택을 비롯한 토지 등 부동산의 가격에서도 주가와 마찬가지로 평균을 중심으로 하는 변동 폭을 살펴보는 것도 중요하다. 주택을 비롯한 토지 등의 경우에 있어서도 주택경기변동 및 토지경기변동 등이 있기 때문이다.

세제의 경우 정부별 또는 경기별로 상이하게 적용된다. 이와 같은 세제는 노동과 여가사용, 소비들 간에도 영향을 주게 된다. 이는 저축과도 연계되어 세제의 증가는 미래의 소득과 직결되는 저축에 좋지 않은 영향을 미치게 된다. 이는 세제의 상승이 경기에 좋지 않은 영향을 주는지와 관련하여 미국을 중심으로 하는 경제전문가들의 주된 관심 분야이기도 하다.

즉 세제는 세제를 납부한 이후에 벌어들이는 순이자에 의한 소득과 노동에 대한 과세의 경우 노동에 영향을 줄 수도 있다. 노동에 대한 과세의 경우 대체적인 효과와 소득에 의한 효과에 따라 처음에는 노동보다는 여가사용이 증가하다가 여유자금의 부족을 비롯한 이유들로 인하여 소득에 의한 효과가 진전되어 노동의 증가가 다시 증가할 수 있음을 경제전문가들은 지적하고 있다.

표 4-2	세제 부과와 순이자에 의한 소득과 노동에 의한 소득에 대한 영향
정 의	**구 성**
세제 부과와 순이자에 의한 소득과 노동에 의한 소득에 대한 영향	세제의 경우 정부별 또는 경기별로 상이하게 적용된다. 이와 같은 세제는 노동과 여가사용, 소비들 간에도 영향을 주게 된다. 이는 저축과도 연계되어 세제의 증가는 미래의 소득과 직결되는 저축에 좋지 않은 영향을 미치게 된다. 이는 세제의 상승이 경기에 좋지 않은 영향을 주는지와 관련하여 미국을 중심으로 하는 경제전문가들의 주된 관심 분야이기도 하다.
	세제는 세제를 납부한 이후에 벌어들이는 순이자에 의한 소득과 노동에 대한 과세의 경우 노동에 영향을 줄 수도 있다. 노동에 대한 과세의 경우 대체적인 효과와 소득에 의한 효과에 따라 처음에는 노동보다는 여가사용이 증가하다가 여유 자금의 부족을 비롯한 이유들로 인하여 소득에 의한 효과가 진전되어 노동의 증가가 다시 증가할 수 있음을 경제전문가들은 지적하고 있다.

이자율과 관련하여서는 2019년 1분기 중에 분위기로는 미국에서 금리를 연말까지 추가로 인상하지 않을 것이라는 분석들이 시장에서 설득력을 얻고 있다. 이에 따라 이머징마켓의 채권형의 펀드들에 대한 관심도도 증가하고 있는 상황이지만 통화의 변동성(volatility)을 고려하여야 하는 점이 부각되고 있다.

시장전문가들은 세제의 인상과 경기의 상관성을 중요하게 판단하고 있는 반면에 공평과세의 차원에서 금융소득을 비롯하여 상속과 관련된 세제에 대하여 바라보아야 한다는 시각 등이 공존하고 있는 것이 2019년 1분기 중의 상황이다.

이는 한 쪽의 시각이 옳다는 것 보다는 양쪽의 주장을 모두 올려놓고 한국경제의 상황과 국제적인 경기상황 그리고 무엇보다 부의 공평성과 형평성도 유념하여야 한다. 불로소득과 같은 것이 두드러질 경우에 있어서는 노동의욕과 생산성 저하로 인하여 경기침체 및 국제경쟁력 약화로 이어질 수 있다는 점도 고려하여야 한다.

이는 대기업의 사회책임 경영(Corporate Sustainable Responsibility)에 대한 정서가 있다는 측면과 소득이 높은 사람들에 대한 사회에 대한 기여의 강조점 등이 사회적으로 있다는 것도 유념하여야 한다는 측면이다.

2019년 1분기 중에 증권거래세의 동향에 대하여 관심이 높은 것이 현실이다. 증권의 거래량은 투자에 대한 심리 이외에 대내외적인 경기변동 등과 세제에 의하여도 영향을 받기 때문이다.

따라서 입법부에서도 금융소득의 상위에 해당하는 1%의 이자소득이 전체에서 어느 정도 위치하는지와 관련하여 관심을 갖고 있다. 이는 금융소득의 경우에 있어서도 공평한 과세가 이루어지는지에 대하여 관심도가 높다는 것을 의미한다.

한편 입법부의 논의에서 이익과 손실 부분에 따른 개인투자자들에 대한 합리성(rationality)을 추구하고 있다. 이는 개인투자자들의 경우 이익과 손실 부분을 합친 개념에 따른 세제로의 전환 논의의 합리적인 과세체계를 생각하고 있는 것이다.

또한 공평과세와 연말정산에 따른 효과 등에 따라 세액공제의 대상에 대하여도 활발한 논의가 시장전문가들 사이에서 진행되고 있다. 이는 향후 연말정산의 세액 공제에서 어떠한 항목을 제외할지 등과 관련된 것으로서 국민들의 반응도 정부에서 잘 살펴보고 진행해 나가기로 하였음으로 정부가 적합한 추진을 하고 있는 부분이기도 하다.

특히 정부는 이와 같은 세제의 흐름과 민간의 소비 추세 등을 동시에 살펴보고 있어서 국민들에게 복지적인 측면에서 잘 준비해 나갈 것으로 시장전문가들은 내다보고 있는 상황이다.

미세먼지(fine dust)의 경우 경유와 휘발유의 상대가격과 관련된 이슈까지 제기될 정도로 대책에 있어서 중요도가 증가하고 있다. 이는 건강과 관련된 것으로 재정학적인 측면에 있어서는 외부의 불경제성과 관련되어 있는지 살펴보고 있는 것이다.

상대가격 변동이 세제와 연결될 경우 이것이 국가경제(domestic economy)에 어떻게 영향을 주는지와 관련하여 시장전문가들은 신중한 판단을 하고 있다. 이는 세제의 인상이 비용인상 인플레이션(cost push inflation)의 요소가 있는지 또는 아닌지와 관련된 것이기도 하다.

어쨌든 세제의 인상은 국가경제적인 시스템에서 차지하는 위치와 경기변동 등을 잘 살펴보면서 진행되어야 한다. 이는 고용의 안정과 경기의 선순환 구조에 있어서도 필요하기 때문이다.

주택의 가격변동에 있어서 가장 큰 요인은 첫 번째, 가구들에 있어서의 소득수준이다. 이는 한국의 경우에 있어서도 소득 수준이 높은 지역일수록 주택의 가격이 평균적으로 비교적 높은 것을 알 수 있다.

표 4-3	주택의 가격변동에 있어서 중요한 거시경제 및 인구와 사회학적인 측면

정 의	구 성
주택의 가격변동에 있어서 중요한 거시경제 및 인구와 사회학적인 측면	주택의 가격변동에 있어서 가장 큰 요인은 첫 번째, 가구들에 있어서의 소득수준이다. 이는 한국의 경우에 있어서도 소득수준이 높은 지역일수록 주택의 가격이 평균적으로 비교적 높은 것을 알 수 있다. 두 번째, 직장에서의 출퇴근 거리 및 비용과도 연계되어 있다. 이는 역세권이라는 지하철을 중심으로 가격이 높게 형성되는 측면으로도 알 수 있는 것이다. 따라서 교통편과의 연계성이 중요한 요소 중에 하나인 것이다. 세 번째, 유동성이 있는 인구들이 많은지 분포와 관련된 것이다. 이는 유동성이 많은 지역일수록 인구적인 측면에서도 주택의 구입비율이 비교적 높을 수밖에 없는 것이다. 따라서 이와 같은 인구적인 측면에서 주택구입 가능성이 높은 인구의 밀집도(density)의 중요성이 있다는 것이다. 네 번째, 도시로서의 개발가능성과 도시계획 측면이다. 이는 아무래도 새로운 계획이 만들어질 때나나 이에 대한 기대감(expectation)이 발생하여 쾌적한 주거환경이 조성되고 발전가능성이 높아질 것이기 때문이다. 다섯 번째, 교육과 관련된 측면이다. 학원을 중심으로 하여 형성되는 이른바 특수현상이다. 이는 봄과 가을철에 주로 발생하기도 하지만 전통적인 학원 중심가들은 주택건설경기와 크게 상관없이 꾸준히 높은 가격이 형성되고 있기 때문이다. 이는 전통적인 경제학에서도 살펴볼 수 있는 것과 같이 수요(demand)가 공급(supply)보다 항상 우위에 놓여 있고, 다음 세대(next generation)에 대한 투자(investment)의 개념에 있어서도 무엇보다 중요도가 높을 수밖에 없기 때문이다. 여섯 번째, 치안 관련된 측면이다. 이는 편안하게 거리를 활보할 수 있고 물건과 기타 자산(asset) 등에 있어서도 안전하게 관리할 수 있는 것이 중요하기 때문이다. 특정 국가와 같이 치안 관련하여 우수성이 높은 도시형 국가에서는 사람들이 편안하게 자녀 양육과 삶을 편안한 상태에서 보낼 수 있는 측면이 있기도 하다. 이와 같은 경제 및 사회적, 인구인 측면이 골고루 반영되어 주택가격 형성에 영향을 주는 것이다. 따라서 반드시 어느 하나의 측면만이 중요한 것이 아니라 편리함(comfort)에 있어서 골고루 종합적인 요소들이 갖춰져야 하는 것이다. 따라서 주택주변에 있어서 가까운 지역 내에 마트와 같은 생활필수품 가게들이 있는지도 중요한 요소가 되기도 한다. 이는 편리성의 측면이 중요하다는 측면이다. 그리고 주택주변에 종합병원과 같은 대형병원이 있을 경우에도 사람들의 삶의 질(quality)과 안락한 삶과 연계하여 매우 중요한 요소이기도 하다. 이에 따라 앞서 살펴보고 있는 바와 같이 세제(taxation)와 규제(regulation)와 같은 규범적인 측면도 매우 중요하지만 편리함과 같은 실제 살아가면서 느낄 수 있는 요소들의 완비도 매우 중요한 요소인 것이다.

두 번째, 직장에서의 출퇴근 거리 및 비용과도 연계되어 있다. 이는 역세권이라는 지하철을 중심으로 가격이 높게 형성되는 측면으로도 알 수 있는 것이다. 따라서 교통편과의 연계성이 중요한 요소 중에 하나인 것이다. 세 번째, 유동성이 있는 인구들이 많은지 분포와 관련된 것이다. 이는 유동성이 많은 지역일수록 인구적인 측면에서도 주택의 구입비율이 비교적 높을 수밖에 없는 것이다. 따라서 이와 같은 인구적인 측면에서 주택구입 가능성이 높은 인구의 밀집도(density)의 중요성이 있다는 것이다. 네 번째, 도시로서의 개발가능성과 도시계획 측면이다. 이는 아무래도 새로운 계획이 만들어질 때마다 이에 대한 기대감(expectation)이 발생하여 쾌적한 주거환경이 조성되고 발전가능성이 높아질 것이기 때문이다. 다섯 번째, 교육과 관련된 측면이다. 학원을 중심으로 하여 형성되는 이른바 특수현상이다. 이는 봄과 가을철에 주로 발생하기도 하지만 전통적인 학원 중심가들은 주택건설경기와 크게 상관없이 꾸준히 높은 가격이 형성되고 있기 때문이다.

이는 전통적인 경제학에서도 살펴볼 수 있는 것과 같이 수요(demand)가 공급(supply)보다 항상 우위에 놓여 있고, 다음 세대(next generation)에 대한 투자(investment)의 개념에 있어서도 무엇보다 중요도가 높을 수밖에 없기 때문이다.

여섯 번째, 치안 관련된 측면이다. 이는 편안하게 거리를 활보할 수 있고 물건과 기타 자산(asset) 등에 있어서도 안전하게 관리할 수 있는 것이 중요하기 때문이다. 특정 국가와 같이 치안 관련하여 우수성이 높은 도시형 국가에서는 사람들이 편안하게 자녀 양육과 삶을 편안한 상태에서 보낼 수 있는 측면이 있기도 하다.

이와 같은 경제 및 사회적·인구적인 측면이 골고루 반영되어 주택가격 형성에 영향을 주는 것이다. 따라서 반드시 어느 하나의 측면만이 중요한 것이 아니라 편리함(comfort)에 있어서 골고루 종합적인 요소들이 갖춰져야 하는 것이다.

따라서 주택주변에 있어서 가까운 지역 내에 마트와 같은 생활필수품 가게들이 있는지도 중요한 요소가 되기도 한다. 이는 편리성의 측면이 중요하다는 측면이다. 그리고 주택주변에 종합병원과 같은 대형병원이 있을 경우에도 사람들의 삶의 질(quality)과 안락한 삶과 연계하여 매우 중요한 요소이기도 하다. 이에 따라 앞서 살펴보고 있는 바와 같이 세제(taxation)와 규제(regulation)와 같은 규범적인 측면도 매우 중요하지만 편리함과 같은 실제 살아가면서 느낄 수 있는 요소들의 완비도 매우 중요한 요소인 것이다.

제2절 | 재테크통계학에 있어서 범위와 계급

자료 또는 변수(variables)에 대한 크기인 범위가 무엇인지 판단하여 결정을 내린다. 범위와 관련하여서는 정렬되어진 변수들에 있어서 최소값(minimum)과 최대값(maximum) 크기의 차이에 의하여 구할 수 있다. 자료(data)에 있어서 크기 순서에 적합한 계급(class)의 숫자를 관념적이며 주관적인 판단에 의하여 선택(selection)하며 결정을 내리게 된다. 따라서 평균값들을 중심으로 하여 최소값과 최대값의 범위를 알아두는 것도 재테크통계학에서 매우 중요하다. 이는 주식을 비롯하여 모든 자산 가치에서도 판단해 볼 수 있는 것이다.

| 표 4-4 | 재테크통계학에 있어서 범위와 계급 |

정 의	구 성
재테크통계학에 있어서 범위와 계급	자료 또는 변수(variables)에 대한 크기인 범위가 무엇인지 판단하여 결정을 내린다. 범위와 관련하여서는 정렬되어진 변수들에 있어서 최소값(minimum)과 최대값(maximum) 크기의 차이에 의하여 구할 수 있다. 자료(data)에 있어서 크기 순서에 적합한 계급(class)의 숫자를 관념적이며 주관적인 판단에 의하여 선택(selection)하며 결정을 내리게 된다. 따라서 평균값들을 중심으로 하여 최소값과 최대값의 범위를 알아두는 것도 재테크통계학에서 매우 중요하다. 이는 주식을 비롯하여 모든 자산 가치에서도 판단해 볼 수 있는 것이다.

<그림 4-3>에는 한국 종합부동산세(2005~2017년, 연간, 억원 단위)와 한국 지방세 합계(1980~1997년, 연간, 억원 단위) 동향이 기록되어 있다. 이 자료는 한국은행(Bank of Korea)에서 제공하는 경제통계와 관련된 시스템(인터넷 홈페이지)을 통하여 입수한 것이다.

이 자료들을 살펴보면, 국가경제의 발전과 함께 종합부동산세와 지방세 합계액도 최근 들어 꾸준히 상승한 것을 알 수 있다. 이는 지방자치제도의 근간에서도 중요한 요소이기도 하다.

제2편 부(금융 및 주택가격) 효과와 재테크통계학의 도수분포

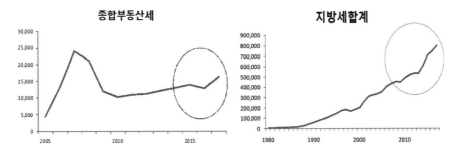

그림 4-3 한국 종합부동산세(2005~2017년, 연간, 억원 단위)와 한국 지방세 합계
(1980~1997년, 연간, 억원 단위) 동향

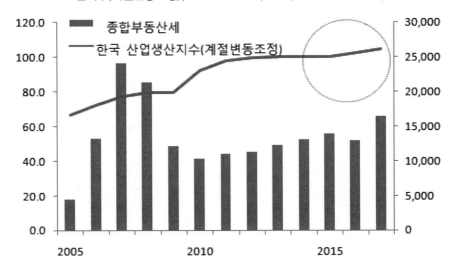

그림 4-4 한국 종합부동산세(2005~2017년, 연간, 억원 단위, 우축)와 한국 산업생
산지수(계절변동조정)(2005~2017년, 연간, 2015=100 기준, 좌축) 동향

<그림 4-4>에는 한국 종합부동산세(2005~2017년, 연간, 억원 단위, 우축)와 한국 산업생산지수(계절변동조정)(2005~2017년, 연간, 2015＝100 기준, 좌축) 동향이 기록되어 있다. 이 자료는 한국은행(Bank of Korea)에서 제공하는 경제통계와 관련된 시스템(인터넷 홈페이지)을 통하여 입수한 것이다. 한국 종합부동산세(2005~2017년)의 경우 최대의 값은 2007년에 기록되었으며, 분석 대상의 2005년이 최저의 값을 기록하였다. 한편 한국의 산업생산지수(계절변동조정)(2005~2018년)의 경우 최대의 값은

2018년이었으며, 최저의 값은 분석대상의 초기인 2005년의 값이 최저치를 나타냈다. 그리고 최근 들어 한국 산업생산지수와 종합부동산세가 모두 상승하는 값을 가짐을 알 수 있다. 따라서 경기의 활황이 세수 증대에도 도움을 줄 것으로 판단된다.

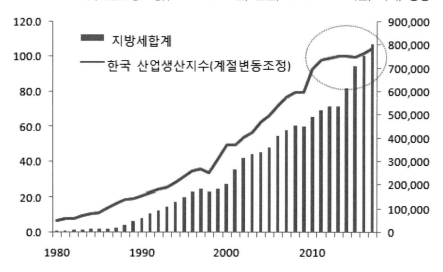

그림 4-5 한국 지방세 합계(1980~2017년, 연간, 억원 단위, 우축)와 한국 산업생산지수(계절변동조정)(1980~2017년, 연간, 2015=100 기준, 좌축) 동향

<그림 4-5>에는 한국 지방세 합계(1980~2017년, 연간, 억원 단위, 우축)와 한국 산업생산지수(계절변동조정)(1980~2017년, 연간, 2015=100 기준, 좌축) 동향이 기록되어 있다. 이 자료는 한국은행(Bank of Korea)에서 제공하는 경제통계와 관련된 시스템(인터넷 홈페이지)을 통하여 입수한 것이다. 한국 지방세 합계(1980~2017년)와 한국의 산업생산지수(계절변동조정)(1980~2017년)의 상관계수는 0.979의 매우 높은 상관성을 나타내고 있음을 알 수 있다. 이는 한국의 산업생산지수의 상승과 같은 경기의 선순환 구조가 지방세 세수의 증대에도 긍정적인 영향을 줄 수 있음을 시사하고 있는 것이다.[4] 그리고 한국 지방세 합계(1980~2017년)의 경우 최대의 값은 2017년에 기

---

4) Anderson, C. A., and K. E. Dill.(2000), "Video Games and Aggressive Thoughts, Feelings, and Behavior in the Laboratory and in", *Journal of Personality and Social Psychology*, 78(4), pp. 772−790.

록되었으며, 분석대상 기간 중 1980년이 최저의 값을 기록하였다. 한편 한국의 산업생산지수(계절변동조정)(1980~2018년)의 경우에도 최대의 값은 2018년이었으며, 최저의 값은 분석대상의 초기인 1980년의 값이 최저치이었다.

표 4-5 재산세제와 부동산(주택) 경기 및 가격변화

정 의	구 성
재산세제와 부동산(주택) 경기 및 가격변화	재산세제의 영향이 주택경기에 영향을 줄 수 있음은 미국을 중심으로 대도시와 그 밖의 지역들에 있어서 실증적으로 도출되어 있다. 여기에는 주택경기에 영향을 줄 수 있는 교통적인 편리성과 교통 관련 요금의 변화, 인구적인 측면과 개인들의 소득 수준의 변화, 임대료율의 변화 등이 포함되어 있으며 세제의 영향이 가장 중요함을 시사하고 있다.
	세제상의 변화는 세율의 인상이 이들 지역에 있어서의 인구적인 유입의 감소로 나타났다. 이는 결국 주택가격의 변화로 귀결된 것으로 시장전문가들은 판단하고 있다.
	예외적인 측면에서 시장전문가들은 재산세제의 상승이 임대료율의 변화를 초래하였지만 부동산가격에 주는 영향에 대해서는 크지 않았다고 보고 있다. 이는 세제의 가격에 대한 전가(transfer) 현상에 기인한 것이다. 이는 세제가 반드시 부동산가격에 부정적인 영향만을 주지 않는다고 보는 시장전문가들의 예측(prediction)과 일치된 견해이다.

재산세제의 영향이 주택경기에 영향을 줄 수 있음은 미국을 중심으로 대도시와 그 밖의 지역들에 있어서 실증적으로 도출되어 있다. 여기에는 주택경기에 영향을 줄 수 있는 교통적인 편리성과 교통관련 요금의 변화, 인구적인 측면과 개인들의 소득 수준의 변화, 임대료율의 변화 등이 포함되어 있으며 세제의 영향이 가장 중요함을 시사하고 있다.

그리고 이와 같은 세제상의 변화는 세율의 인상이 이들 지역에 있어서의 인구적인 유입의 감소로 나타났다. 이는 결국 주택가격의 변화로 귀결된 것으로 시장전문가들은 판단하고 있다.

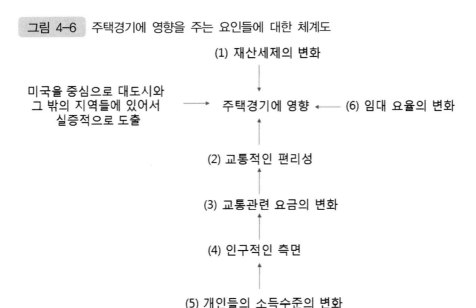

그림 4-6 주택경기에 영향을 주는 요인들에 대한 체계도

(1) 재산세제의 변화

미국을 중심으로 대도시와
그 밖의 지역들에 있어서 ⟶ 주택경기에 영향 ⟵ (6) 임대 요율의 변화
실증적으로 도출

(2) 교통적인 편리성

(3) 교통관련 요금의 변화

(4) 인구적인 측면

(5) 개인들의 소득수준의 변화

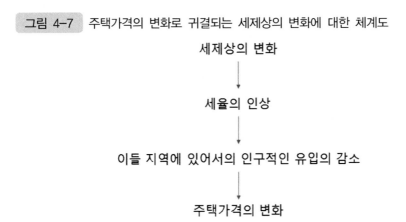

그림 4-7 주택가격의 변화로 귀결되는 세제상의 변화에 대한 체계도

세제상의 변화

세율의 인상

이들 지역에 있어서의 인구적인 유입의 감소

주택가격의 변화

하지만 예외적인 측면에서 시장전문가들은 재산세제의 상승이 임대료율의 변화를 초래하였지만 부동산가격에 주는 영향에 대해서는 크지 않았다고 보고 있다. 이는 세제의 가격에 대한 전가(transfer) 현상에 기인한 것이다. 이는 세제가 반드시 부동산가격에 부정적인 영향만을 주지 않는다고 보는 시장전문가들의 예측(prediction)과 일치된 견해이다.

그림 4-8 재산세제의 상승과 가격에 대한 전가(transfer) 현상에 대한 체계도

재산세제의 상승

↓

임대료율의 변화

↓

세제의 가격에 대한 전가(transfer) 현상

한편 한국의 재산세제 상의 변화는 2019년 4월까지의 추세로 판단할 때 다주택자의 보유세 부담이 증대되는 측면으로 전개되고 있다. 이에 따라 거래량도 줄어들고 향후 예측도 어떻게 전개될지 시장전문가들은 주시하고 있는 상황이다.

대체로 재산에 대한 장기보유 및 고령의 나이에 속하는 분들에 대하여 세제상의 유리함을 제공해 주는 측면으로 행정부의 추세가 있을지 시장에서는 주목하고 있다. 이는 장기보유에 따른 가격의 안정화 측면을 비롯한 각종 정책적인 측면과 연결되어 있다.

이와 같은 재산세제는 장기간에 걸쳐서 적용되는 저율의 세제 측면과 일시적으로 적용되는 고율의 세제체계가 있다. 이러한 측면도 재산의 장기간에 있어서의 가격안정화 측면과 연계되어 있는 것이지 살펴보아야 하는 것이며, 일시적인 가격의 급등과 관련하여서도 주택을 비롯한 부동산 경기의 안정화를 위하여 적용하는 조세정책적인 필요성(needs)에서 비롯된 것인지 파악해 볼 필요가 있다.

그림 4-9 다주택자의 보유세 부담과 거래량에 대한 관계도

2019년 4월까지 추세 : 다주택자의 보유세 부담 증대

↓

거래량 감소

그림 4-10 다주택자의 보유세 부담과 거래량의 반비례 관계

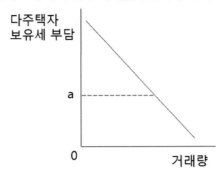

<그림 4-10>에는 다주택자의 보유세 부담과 거래량의 반비례 관계가 나타나 있다. 다주택자 보유세 부담이 a 이하에서 a라는 점까지 상승하였다고 하면, 거래량은 반비례하는 곡선을 따라 줄어들 수밖에 없다는 것이다.

그림 4-11 장기보유에 따른 가격의 안정화의 정책적인 고려의 체계

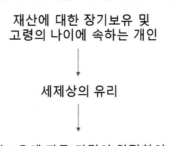

2019년 초반까지 전개된 상황을 보면, 집을 여러 채 보유하는 투자자들은 양도소득세의 상대적인 중과적인 측면을 고려하게 되는 상황을 맞이하고 있으며, 주택을 비롯한 부동산 가격의 상승에 따라 매매와 관련된 타이밍(timing)에도 신중을 기하고 있는 측면이 강하다.

그림 4-12 부동산 경기의 안정화를 위해 적용하는 조세정책적인 필요성(needs)의 체계

장기간 : 저율의 세제측면
일시적 : 고율의 세제체계

↑

부동산 경기의 안정화를 위하여 적용하는
조세정책적인 필요성(needs)

그림 4-13 집을 여러 채 보유하는 투자자들의 양도소득세 상대적인 중과적인
측면 체계

2019년 초반 ⟶ 집을 여러 채 보유하는 투자자들은 양도
소득세의 상대적인 중과적인 측면

↓

매매와 관련된 타이밍(timing)

↓

주택을 비롯한 부동산 가격의 상승

　　이와 같은 주택을 비롯한 부동산 경기는 한국을 비롯한 이머징마켓에 있어서 비슷한 양상으로 전개되는데, 미국의 금리인상이 2019년 4월 기준으로 동결 분위기로 접어들고 있기 때문에 더욱 그러하다. 즉 미국의 금리가 기존의 기조를 유지하게 되면 결국 유동성(liquidity)이 풍부함으로써 주택 및 부동산 경기에도 긍정적인 영향을 줄 수 있기 때문이다.

　　이는 미국의 경우 기준금리와 관련된 이슈 이외에 보유자산과 관련된 축소 측면까지 거론되었지만 이와 같은 기조가 바뀐 것이다. 이는 이머징마켓의 실물시장에 있어서 긍정적인 요소가 될 수 있음은 물론이다.

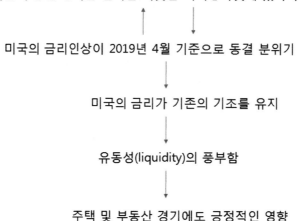

그림 4-14 미국의 금리와 이머징마켓 주택 및 부동산 경기에 대한 긍정적인 영향 체계

주택을 비롯한 부동산 경기는 한국을 비롯한 이머징마켓에 있어서 비슷한 양상

미국의 금리인상이 2019년 4월 기준으로 동결 분위기

미국의 금리가 기존의 기조를 유지

유동성(liquidity)의 풍부함

주택 및 부동산 경기에도 긍정적인 영향

그림 4-15 미국의 기준금리와 보유자산과 관련된 정책과 이머징마켓의 실물시장 동향

미국의 경우

기준금리와 관련된 이슈 이 외에 보유자산과 관련된 축소측면까지
거론되었지만 이와 같은 기조가 바뀐 것임

이머징마켓의 실물시장에 있어서 긍정적인 요소

한편 일각의 시장전문가들은 공평과세의 측면에서 주택에 대한 임대소득세제의 강화와 주식에 대한 양도차익세제의 강화와 같은 측면을 거론하고 있기도 하다. 또한 고액의 자산가들과 대기업에 세제 강화와 일자리창출과 같은 측면에서 재정확대를 주장하고 있는 상황이다. 그리고 저출산 및 고령화에 따른 경제 활력의 약화를 우려하여 재정확대가 필요하다는 측면이 덧붙여지고 있는 형국이다.

그림 4-16 일각의 시장전문가들의 공평과세에 대한 주장의 체계도

공평과세의 측면

↓

주택에 대한 임대소득세제의 강화

↓

주식에 대한 양도차익세제의 강화

↓

고액의 자산가들과 대기업에 세제 강화

그림 4-17 일각의 시장전문가들의 재정확대 주장의 체계도

재정확대

↓

일자리창출

↓

저출산 및 고령화에 따른 경제 활력

그림 4-18 증권과 관련하여서는 거래세율의 폐지 혹은 인하와 관련된 논의의 체계

증권과 관련하여서는 거래세율의 폐지 혹은 인하와 관련된 논의

↓

재정건전성 측면을 고려하여 결정

↓

미국의 금리기조의 유지와 유동성 풍부의 현상이 덧붙여지면
증권시장에는 긍정적인 영향

증권과 관련하여서는 거래세율의 폐지 혹은 인하와 관련된 논의가 지속되고 있다. 이는 물론 재정건전성 측면을 고려하여 결정되어 나가고 있다. 이는 미국의 금리기조의 유지와 유동성 풍부의 현상이 덧붙여지면 증권시장에는 긍정적인 영향을 줄 수도 있다. 이와 같은 기조는 2020년 이후 미국경제가 호황국면을 벗어나게 되어도 적어도 주식시장에 큰 영향을 피할 수도 있는 부분에 있어서는 긍정적이다.

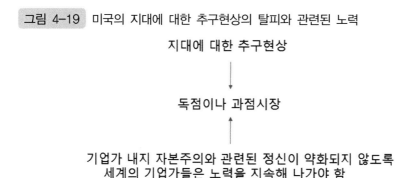

그림 4-19 미국의 지대에 대한 추구현상의 탈피와 관련된 노력

지대에 대한 추구현상

독점이나 과점시장

기업가 내지 자본주의와 관련된 정신이 약화되지 않도록
세계의 기업가들은 노력을 지속해 나가야 함

한편 지대에 대한 추구현상과 관련하여 독점이나 과점시장을 조장하여 기업가 내지 자본주의와 관련된 정신이 약화되지 않도록 세계의 기업가들은 노력을 지속해 나가야 한다. 이는 미국 경기가 호황국면에서 벗어날 경우 더욱 이와 같은 창의적인 노력을 통하여 투자활성화에 주력해 나가야 하며, 경기변동의 호황국면을 길게 하고 불황국면을 짧게 할 수 있는 것이다.[5] 이는 금융 부문에 있어서 배당의 경우 실효세율이 역진적인지와 관련된 논의가 있는 것과 같이 공평과세가 이루어지고 있는지 잘 살펴보면서 정책을 집행하여야 하는 측면도 있다. 자본시장(capital market)과 관련하여서는 과세에 있어서 개인별로 하고 손실과 이익이 발생하는 것을 합쳐서 전체의 이익금을 통하여 과세를 하는 방안이 논의되고 있다. 이와 같은 것은 금융시장(financial market)의 선진화 방안을 찾아나가는 과정을 갖고 있는 것이다.

---

5) Lund, P.(2010), "Letter to the Editor", Guardian Weekly, 07 16:23, pp. 5 – 26.

그림 4-20 금융부문에 있어서 배당의 경우와 관련된 공평과세의 논의 체계

금융부문에 있어서 배당의 경우

↓

실효세율이 역진적인지와 관련된 논의

그림 4-21 자본시장(capital market) 선진화와 과세 방안의 체계

자본시장(capital market)

↓

과세에 있어서 개인별로 하고 손실과 이익이 발생하는 것을 합쳐서
전체의 이익금을 통하여 과세를 하는 방안 논의

그림 4-22 가계부문의 경기활성화와 가계들의 부채축소 등의 연계도

가계부문의 경기활성화

↓

소비 진작

↓

내수 경기 활성화

↓

가계들의 부채축소

한편 가계 부문의 경기활성화와 이에 따른 소비 진작 그리고 이것의 내수 경기 활성화가 이루어질 수 있는지와 관련하여서도 논의되고 있다. 이는 경기의 선순환 구조의 정착화라는 측면에서 다루어지고 있는데, 결국 가장 중요한 측면인 가계들의 부채축소가 전제되어 논의가 되고 있다.

경기활성화와 관련하여서는 4차 산업혁명과 관련된 차세대 동력산업을 통한 고급 양질의 일자리창출사업이 주요한 이슈로 부각되고 있다. 이외에 블록체인을 통한 가상화폐시장과 세제 체계 그리고 미세먼지대책과 같은 삶의 질 제고에 따른 외

부의 불경제적인(external diseconomy) 현상의 제거와 같은 당면 과제들도 동시에 다루어지고 있는 현실이다.

경기활성화와 4차 산업혁명, 외부의 불경제적인(external diseconomy) 현상

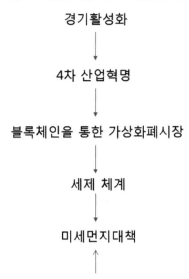

경기활성화

4차 산업혁명

블록체인을 통한 가상화폐시장

세제 체계

미세먼지대책

외부의 불경제적인(external diseconomy) 현상의 제거

이는 건전한 생산체계에 대한 양호한 자금흐름이 이루어질 수 있도록 기업을 비롯한 산업계 전반의 노력도 이어지고 있다. 이와 관련하여서는 노동자들의 생산성(productivity) 제고 측면에서 더욱 노력해야 하는 경제형국이기도 하다.

건전한 생산체계에 대한 양호한 자금흐름과 노동자들의 생산성 제고

건전한 생산체계에 대한 양호한 자금흐름

노동자들의 생산성(productivity) 제고

금리의 인상은 고소득자에게 있어서 상대적으로 경제적인 유리함을 제공해 준

다. 이는 부채가 많은 개인들에게 있어서는 부담요인이 되어 공평과세 측면에서 이자소득세가 하나의 역할을 할 수 있는 것이다.

이자소득세의 부과는 현재의 소비와 미래의 소비와의 관계에 있어서 현재의 소비를 늘리는 방향으로 전개되는지 또는 미래의 소비인 저축의 증가로 전개될지와 관련된 진지한 논의가 있어야 한다.

현재와 같은 미국의 저금리 기조와 금융시장의 안정화가 이어진다면 이와 같은 이머징마켓에서의 구조 하에 이자소득세 논의도 다시 전개되어야 한다. 이는 금융선진국과 금융동조성이 중요한 측면과 함께 실물시장의 활성화와 연계하여 정책적인 방향이 잘 전개되고 있는 것이다.

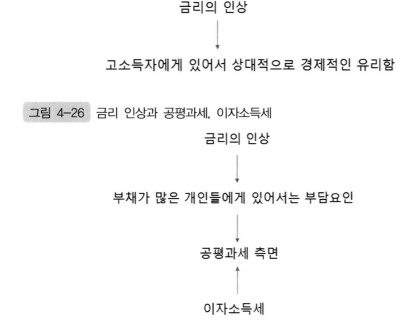

그림 4-25 금리 인상과 고소득자의 경제적인 유리 체계

금리의 인상

↓

고소득자에게 있어서 상대적으로 경제적인 유리함

그림 4-26 금리 인상과 공평과세, 이자소득세

금리의 인상

↓

부채가 많은 개인들에게 있어서는 부담요인

↓

공평과세 측면

↑

이자소득세

| 표 4-6 | 노동 생산성과 금리변화 |

정 의	구 성
노동 생산성과 금리변화	건전한 생산체계에 대한 양호한 자금흐름이 이루어질 수 있도록 기업을 비롯한 산업계 전반의 노력도 이어지고 있다. 이와 관련하여서는 노동자들의 생산성(productivity) 제고 측면에서 더욱 노력해야 하는 경제형국이기도 하다.
	금리의 인상은 고소득자에게 있어서 상대적으로 경제적인 유리함을 제공해 준다. 이는 부채가 많은 개인들에게 있어서는 부담요인이 되어 공평과세 측면에서 이자소득세가 하나의 역할을 할 수 있는 것이다.

| 표 4-7 | 재테크통계학과 도수 분포표 |

정 의	구 성
재테크통계학과 도수 분포표	재테크통계학과 관련하여 이와 같이 계급의 수를 구하고 이에 따라 분석을 구하면 각종 데이터와 관련하여 효율적으로 판단할 수 있다. 따라서 계급(class)의 숫자는 데이터의 범위 또는 크기와 관련된 것으로 편리를 도모하는 측면에서 도수와 관련하여 정리하는 부분이다. 도수와 관련된 분포표(scatter table)의 경우 작성에 따른 취지 및 목적과 부합되는 것에 대하여 결정한다. 여기서는 평균적으로 10개 전후로 하여 정한다. 대강의 범위는 전후의 5개이다.

재테크통계학과 관련하여 이와 같이 계급의 수를 구하고 이에 따라 분석을 구하면 각종 데이터와 관련하여 효율적으로 판단할 수 있다.

| 그림 4-27 | 재테크통계학과 계급의 수, 분석 |

재테크통계학

↓

계급의 수

분석

↓

각종 데이터와 관련하여 효율적으로 판단

따라서 계급(class)의 숫자는 데이터의 범위 또는 크기와 관련된 것으로 편리를 도모하는 측면에서 도수와 관련하여 정리하는 부분이다.

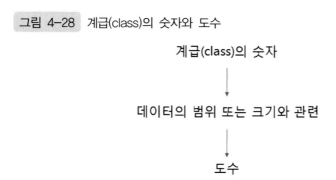

그림 4-28 계급(class)의 숫자와 도수

계급(class)의 숫자

↓

데이터의 범위 또는 크기와 관련

↓

도수

도수와 관련된 분포표(scatter table)의 경우 작성에 따른 취지 및 목적과 부합되는 것에 대하여 결정한다. 여기서는 평균적으로 10개 전후로 하여 정한다. 대강의 범위는 전후의 5개이다.

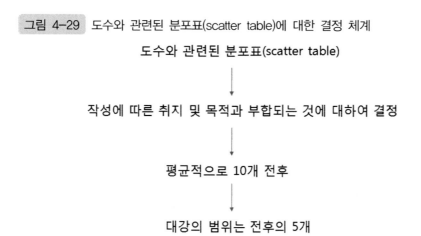

그림 4-29 도수와 관련된 분포표(scatter table)에 대한 결정 체계

도수와 관련된 분포표(scatter table)

↓

작성에 따른 취지 및 목적과 부합되는 것에 대하여 결정

↓

평균적으로 10개 전후

↓

대강의 범위는 전후의 5개

연습 문제

01 재테크통계학의 도수에 대하여 설명하시오.

◤ 정답 ◢

재테크통계학의 상대적인 도수는 f_a(a는 1부터 n까지 중에서 임의의 계급에 해당하는 숫자)를 해당 도수로 불리는 총합에 의한 수로 나누어서 구할 수 있다. 여기서 f는 영문 빈도를 의미히는 frequency에 해당한다. 이와 같은 상대적인 도수의 경우 각각의 해당되는 도수에 의하여 산출될 수 있다.

02 세제 부과와 순이자에 의한 소득과 노동에 의한 소득에 대한 영향에 대하여 설명하시오.

◤ 정답 ◢

세제의 경우 정부별 또는 경기별로 상이하게 적용된다. 이와 같은 세제는 노동과 여가사용, 소비들 간에도 영향을 주게 된다. 이는 저축과도 연계되어 세제의 증가는 미래의 소득과 직결되는 저축에 좋지 않은 영향을 미치게 된다. 이는 세제의 상승이 경기에 좋지 않은 영향을 주는지와 관련하여 미국을 중심으로 하는 경제전문가들의 주된 관심 분야이기도 하다.

세제는 세제를 납부한 이후에 벌어들이는 순이자에 의한 소득과 노동에 대한 과세의 경우 노동에 영향을 줄 수도 있다. 노동에 대한 과세의 경우 대체적인 효과와 소득에 의한 효과에 따라 처음에는 노동보다는 여가사용이 증가하다가 여유 자금의 부족을 비롯한 이유들로 인하여 소득에 의한 효과가 진전되어 노동의 증가가 다시 증가할 수 있음을 경제전문가들은 지적하고 있다.

03 주택의 가격변동에 있어서 중요한 거시경제 및 인구와 사회학적인 측면에 대하여 설명하시오.

◤ 정답 ◢

정 의	구 성
주택의 가격변동에 있어서 중요한 거시경제 및	주택의 가격변동에 있어서 가장 큰 요인은 첫 번째, 가구들에 있어서의 소득 수준이다. 이는 한국의 경우에 있어서도 소득 수준이 높은 지역일수록 주택의 가격이 평균적으로 비교적 높은 것을 알 수 있다. 두 번째, 직장에서의 출퇴근 거리 및 비용과도 연계되어 있다. 이는 역세권이라

인구와 사회학적인 측면	는 지하철을 중심으로 가격이 높게 형성되는 측면으로도 알 수 있는 것이다. 따라서 교통편과의 연계성이 중요한 요소 중에 하나인 것이다. 세 번째, 유동성이 있는 인구들이 많은지 분포와 관련된 것이다. 이는 유동성이 많은 지역일수록 인구적인 측면에서도 주택의 구입비율이 비교적 높을 수밖에 없는 것이다. 따라서 이와 같은 인구적인 측면에서 주택구입 가능성이 높은 인구의 밀집도(density)의 중요성이 있다는 것이다. 네 번째, 도시로서의 개발가능성과 도시계획 측면이다. 이는 아무래도 새로운 계획이 만들어질 때마다 이에 대한 기대감(expectation)이 발생하여 쾌적한 주거환경이 조성되고 발전가능성이 높아질 것이기 때문이다. 다섯 번째, 교육과 관련된 측면이다. 학원을 중심으로 하여 형성되는 이른바 특수현상이다. 이는 봄과 가을철에 주로 발생하기도 하지만 전통적인 학원 중심가들은 주택건설경기와 크게 상관없이 꾸준히 높은 가격이 형성되고 있기 때문이다. 이는 전통적인 경제학에서도 살펴볼 수 있는 것과 같이 수요(demand)가 공급(supply)보다 항상 우위에 놓여 있고, 다음 세대(next generation)에 대한 투자(investment)의 개념에 있어서도 무엇보다 중요도가 높을 수밖에 없기 때문이다. 여섯 번째, 치안 관련된 측면이다. 이는 편안하게 거리를 활보할 수 있고 물건과 기타 자산(asset) 등에 있어서도 안전하게 관리할 수 있는 것이 중요하기 때문이다. 특정 국가와 같이 치안 관련하여 우수성이 높은 도시형 국가에서는 사람들이 편안하게 자녀 양육과 삶을 편안한 상태에서 보낼 수 있는 측면이 있기도 하다. 이와 같은 경제 및 사회적·인구적인 측면이 골고루 반영되어 주택가격 형성에 영향을 주는 것이다. 따라서 반드시 어느 하나의 측면만이 중요한 것이 아니라 편리함(comfort)에 있어서 골고루 종합적인 요소들이 갖춰져야 하는 것이다. 따라서 주택주변에 있어서 가까운 지역 내에 마트와 같은 생활필수품 가게들이 있는 지도 중요한 요소가 되기도 한다. 이는 편리성의 측면이 중요하다는 측면이다. 그리고 주택주변에 종합병원과 같은 대형병원이 있을 경우에도 사람들의 삶의 질(quality)과 안락한 삶과 연계하여 매우 중요한 요소이기도 하다. 이에 따라 앞서 살펴보고 있는 바와 같이 세제(taxation)와 규제(regulation)와 같은 규범적인 측면도 매우 중요하지만 편리함과 같은 실제 살아가면서 느낄 수 있는 요소들의 완비도 매우 중요한 요소인 것이다.

04 재테크통계학에 있어서 범위와 계급에 대하여 설명하시오.

▌ 정답 ▟

정 의	구 성
재테크통계학에 있어서 범위와 계급	자료 또는 변수(variables)에 대한 크기인 범위가 무엇인지 판단하여 결정을 내린다. 범위와 관련하여서는 정렬되어진 변수들에 있어서 최소값(minimum)과 최대값(maximum) 크기의 차이에 의하여 구할 수 있다. 자료(data)에 있어서 크기 순서에 적합한 계급(class)의 숫자를 관념적이며 주관적인 판단에 의하여 선택(selection)하며 결정을 내리게 된다. 따라서 평균값들을 중심으로 하여 최소값과 최대값의 범위를 알

아두는 것도 재테크통계학에서 매우 중요하다. 이는 주식을 비롯하여 모든 자산 가치에서도 판단해 볼 수 있는 것이다.

05 재산세제와 부동산(주택) 경기 및 가격변화에 대하여 설명하시오.

▎정답 ▎

정 의	구 성
재산세제와 부동산(수택) 경기 및 가격변화	재산세제의 영향이 주택경기에 영향을 줄 수 있음은 미국을 중심으로 대도시와 그 밖의 지역들에 있어서 실증적으로 도출되어 있다. 여기에는 주택경기에 영향을 줄 수 있는 교통적인 편리성과 교통관련 요금의 변화, 인구적인 측면과 개인들의 소득수준의 변화, 임대료율의 변화 등이 포함되어 있으며 세제의 영향이 가장 중요함을 시사하고 있다.
	세제상의 변화는 세율의 인상이 이들 지역에 있어서의 인구적인 유입의 감소로 나타났다. 이는 결국 수택가격의 변화로 귀결된 것으로 시장전문가들은 판단하고 있다.
	예외적인 측면에서 시장전문가들은 재산세제의 상승이 임대료율의 변화를 초래하였지만 부동산가격에 주는 영향에 대해서는 크지 않았다고 보고 있다. 이는 세제의 가격에 대한 전가(transfer) 현상에 기인한 것이다. 이는 세제가 반드시 부동산가격에 부정적인 영향만을 주지 않는다고 보는 시장전문가들의 예측(prediction)과 일치된 견해이다.

06 노동 생산성과 금리변화에 대하여 설명하시오.

▎정답 ▎

건전한 생산체계에 대한 양호한 자금흐름이 이루어질 수 있도록 기업을 비롯한 산업계 전반의 노력도 이어지고 있다. 이와 관련하여서는 노동자들의 생산성(productivity) 제고 측면에서 더욱 노력해야 하는 경제형국이기도 하다.

금리의 인상은 고소득자에게 있어서 상대적으로 경제적인 유리함을 제공해 준다. 이는 부채가 많은 개인들에게 있어서는 부담요인이 되어 공평과세 측면에서 이자소득세가 하나의 역할을 할 수 있는 것이다.

07 재테크통계학과 도수 분포표에 대하여 설명하시오.

▎정답 ▎

정 의	구 성
재테크통계학과 도수 분포표	재테크통계학과 관련하여 이와 같이 계급의 수를 구하고 이에 따라 분석을 구하면 각종 데이터와 관련하여 효율적으로 판단할 수 있다. 따라서 계급(class)의 숫자는 데이터의 범위 또는 크기와 관련된 것으로 편

리를 도모하는 측면에서 도수와 관련하여 정리하는 부분이다. 도수와 관련된 분포표(scatter table)의 경우 작성에 따른 취지 및 목적과 부합되는 것에 대하여 결정한다. 여기서는 평균적으로 10개 전후로 하여 정한다. 대강의 범위는 전후의 5개이다.

재테크의 기술 및 추리통계학적
접근과 실무적인 분석 사례

Chapter
05

재테크통계학의 계급 구간과 한계치

<그림 5−1>에는 한국 투자자 예탁금(2002년 8월~2019년 3월, 월간, 백만원 단위)과 한국 파생상품거래 예수금(2002년 8월~2019년 3월, 월간, 백만원 단위) 동향이 표기되어 나타나 있다. 이 자료는 한국은행(Bank of Korea)에서 제공하는 경제통계와 관련된 시스템(인터넷 홈페이지)을 통하여 입수한 것이다.

한국 투자자 예탁금은 최근 들어 까지 꾸준한 증가세를 지속하고 있는 상황이다. 특히 코넥스에 속해 있는 기업들의 경우 코스닥(KOSDAQ) 시장에 상장추진이 이루어지면서 코넥스의 시장도 활성화되고 있는 상황이다.

한국 파생상품거래 예수금은 최근 들어 약간씩 상승하는 모습을 나타내고 있다. 파생상품은 원래 현물상품에 대한 헤지(hedge) 거래로 만들어져 왔다. 따라서 본래의 역할을 잘 수행하고 있다는 판단이다.

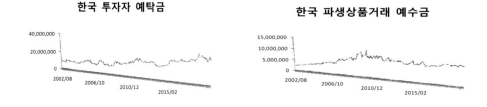

그림 5-1 한국 투자자 예탁금(2002년 8월~2019년 3월, 월간, 백만원 단위)과 한국
파생상품거래 예수금(2002년 8월~2019년 3월, 월간, 백만원 단위) 동향

한국 투자자 예탁금

한국 파생상품거래 예수금

그림 5-2 한국 투자자 예탁금과 코넥스, 코스닥(KOSDAQ) 시장

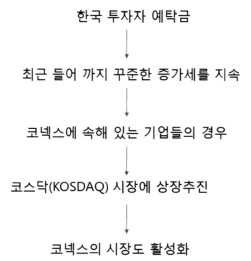

한국 투자자 예탁금

최근 들어 까지 꾸준한 증가세를 지속

코넥스에 속해 있는 기업들의 경우

코스닥(KOSDAQ) 시장에 상장추진

코넥스의 시장도 활성화

<그림 5-3>에는 한국 RP(2002년 8월~2019년 3월, 월간, 백만원 단위)와 한국 위
탁매매 미수금(2002년 8월~2019년 3월, 월간, 백만원 단위) 동향이 표기되어 나타나 있
다. 이 자료는 한국은행(Bank of Korea)에서 제공하는 경제통계와 관련된 시스템(인
터넷 홈페이지)을 통하여 입수한 것이다.

그림 5-3	한국 RP(2002년 8월~2019년 3월, 월간, 백만원 단위)와 한국 위탁매매 미수금(2002년 8월~2019년 3월, 월간, 백만원 단위) 동향

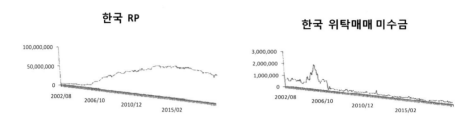

2019년 4월의 한국 RP 시장을 살펴보면, 은행의 매수여력과 국고의 여유자금에 대한 운용은 이어지고 있다. 한편 최근까지 한국 RP 시장은 분석기간 동안 평균 이상의 활성화되어 있는 측면을 가지고 있다.

그림 5-4	최근 한국 RP 시장의 흐름

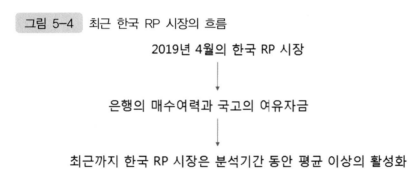

한국 위탁매매 미수금도 2000년대 초 이후 꾸준히 하락 안정화된 추세를 나타내고 있다. 이는 국내 증시에 있어서 건전한 주식투자 분위기가 조성될 수 있는 측면으로 나쁘지 않은 것으로 시장전문가들은 진단하고 있다.

<그림 5-5>에는 한국 신용융자 잔고(2002년 8월~2019년 3월, 월간, 백만원 단위)와 한국 신용대주 잔고(2002년 8월~2019년 3월, 월간, 백만원 단위) 동향이 표기되어 나타나 있다. 이 자료는 한국은행(Bank of Korea)에서 제공하는 경제통계와 관련된 시스템(인터넷 홈페이지)을 통하여 입수한 것이다.

그림 5-5 한국 신용융자 잔고(2002년 8월~2019년 3월, 월간, 백만원 단위)와 한국 신용대주 잔고(2002년 8월~2019년 3월, 월간, 백만원 단위) 동향

한국 신용융자 잔고

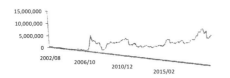

한국 신용대주 잔고

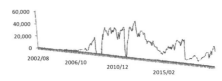

2019년 4월 현재 한국 신용융자 잔고는 증권회사들의 2019년 1분기의 실적부문에서 증권거래대금의 증가세와 ELS상품 조기의 상환 등의 영향으로 개선된 것으로 나타났다. 이와 같이 2019년 4월 현재 증권부분의 분위기는 나쁘지 않은 국면이 형성되어 있는 상황이다. 한국 신용융자 잔고는 현금의 융자와 관련된 것인데, 분석 기간 동안 상승 추세를 보이고 있다.

한국 신용대주 잔고는 주식을 매도하기 위하여 유가증권에 대한 차입형태로 이루어지는 것을 의미하는데, 2019년 3월에 증가한 것으로 보이고 있다. 한편 분석 기간 동안을 살펴보면 최근 들어 상승 추세를 보인 것을 알 수 있다.

계급의 구간을 설정할 때에는 범위(range)에 대하여 계급(class)에 의한 숫자(수)로 나누어 구한다. 데이터에 대한 최대의 값에서 데이터에 대한 최소의 값의 차이 값을 계급에 의한 숫자로 나누어서 구한다.

이와 같이 계급의 구간을 설정하여 구하는 것은 최고의사결정자에게 의사결정 시에 도움을 줄 수 있다. 그리고 각각의 부서에서 부서의 장에게 효율적으로 현재의 상황과 관련하여 정확한 인식을 할 수 있도록 하는데 도움이 될 수 있다. 따라서 재테크통계학에서 중요한 측면이다.

표 5-1 재테크통계학에 있어서 계급 구간의 범위 설정

정 의	구 성
재테크통계학에 있어서 계급 구간의 범위 설정	재테크통계학에 있어서 계급의 구간을 설정할 때에는 범위(range)에 대하여 계급(class)에 의한 숫자(수)로 나누어 구한다. 데이터에 대한 최대의 값에서 데이터에 대한 최소의 값의 차이 값을 계급에 의한 숫자로 나누어서 구한다.

그림 5-6 최근 한국 신용융자 잔고

2019년 4월 현재 한국 신용융자 잔고

↓

증권회사들의 2019년 1분기의 실적부문에서 증권거래대
금의 증가세와 ELS상품 조기의 상환 등의 영향으로 개선

↓

2019년 4월 현재 증권부문의 분위기는 나쁘지 않은 국면

↓

한국 신용융자 잔고는 현금의 융자와 관련

↓

분석 기간 동안 상승 추세

그림 5-7 최근 한국 신용대주 잔고

한국 신용대주 잔고

↓

주식을 매도하기 위하여 유가증권에 대한 차입

↓

2019년 3월에 증가

↓

분석 기간 동안을 살펴보면 최근 들어 상승 추세

　　이와 같은 도수분포표를 가지고 주택 동향에 대하여 대입하여 재테크통계학으로 설명해 나갈 수 있다. 즉, 1세대 1주택자가 받는 장기보유(특별)공제와 고령자와 관련된 공제 부분에서 제외되는 다주택자들은 세부담액이 커질 것으로 판단되고 있다. 이와 같은 1세대 1주택자와 그렇지 않은 세대를 중심으로 하여 그래프로 제시할 수 있는 것이다. 한편, 공동주택에 대하여 세제적인 부담이 상대적으로 단독 및 토

지가격 상승에 따른 시세반영에 비하여 적게 하고 있다. 일반적으로는 세제상의 체계에 있어서 소득계층에 따라 저소득계층에 보다 세제적인 부담을 줄여주는 방향이 고려되고 있다.

그림 5-8 재테크통계학에 있어서 계급 구간의 범위 설정의 과정

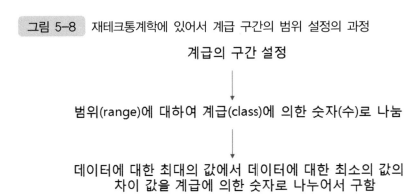

그림 5-9 소득에 따른 상대적인 세제상의 부담

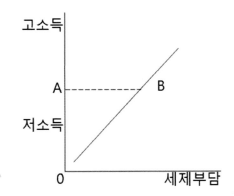

<그림 5-9>의 소득에 따른 상대적인 세제상의 부담에서와 같이 A점보다 고소득 계층으로 소득 수준이 상승할수록 세제상의 부담이 일반적으로 커지는 비례세적인 체계를 가지고 있다.

여기서 다룬 재산세제의 체제는 지방세에 해당하고 있다. 재테크통계학적으로 살펴볼 때 이와 같은 자산(asset)의 가격에 대한 영향은 세금부담에 의한 측면과 자금적인 측면으로 나누어 볼 수 있다.

그림 5-10 재산세제의 체제와 지방세, 자금측면 관계도

재산세제의 체제

↓

지방세

↓

자산(asset)의 가격에 대한 영향은 세금부담에 의한 측면과 자금적인 측면

2019년 초반의 이머징마켓의 동향을 살펴보면, 인도(India)와 태국(Thailand) 등의 예에서도 알 수 있듯이 소비자물가지수가 안정적이어서 금리(interest rate)를 올리기보다는 안정화 측면에 무게를 둘 가능성이 증대되고 있다.

그림 5-11 2019년 초반의 이머징마켓의 동향과 금리 관계도

2019년 초반의 이머징마켓의 동향

↓

인도(India)와 태국(Thailand)

↓

**소비자물가지수가 안정적이어서 금리(interest rate)를
올리기 보다는 안정화 측면**

한편 미국의 경우 세계에서 금리 및 자금시장에 막대한 영향을 주고 있는데, 2019년 초반 흐름으로는 2019년 금리인상은 없을 것으로 시장전문가들이 판단하고 있는 것이다. 그리고 2019년 말경에 예상되었던 양적 측면의 긴축적인 정책도 2019년 9월경부터 중단될 것으로 내다보고 있는 것이다.

일각에서는 상속세제의 경우 공제축소를 주장하고 있으며, 가업상속 부문의 공제에 대하여도 중소기업과 비상장기업으로 축소하고 공제한도의 축소와 가업에 대한 자산의 규모에 대하여도 고려해야 한다고 주장하고 있다. 그리고 고소득자들에게 세금을 무겁게 매기고 배당소득을 포함한 임대소득, 이자 등에 대한 종합적인 과세

체계를 주장하고 있다. 이는 공평과제적인 측면에서의 주장인 것이고, 경기와 같은 거시경제변수 등도 고려한 종합적인 판단도 필요하다는 다른 일각의 주장도 있다.

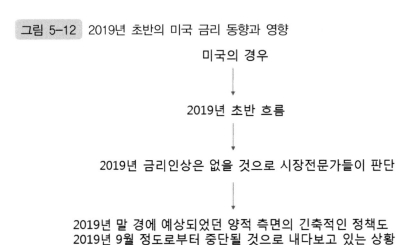

그림 5-12 2019년 초반의 미국 금리 동향과 영향

미국의 경우

↓

2019년 초반 흐름

↓

2019년 금리인상은 없을 것으로 시장전문가들이 판단

↓

2019년 말 경에 예상되었던 양적 측면의 긴축적인 정책도
2019년 9월 정도로부터 중단될 것으로 내다보고 있는 상황

이는 미국을 비롯한 유럽 등의 선진국의 경제와 세제에 대한 연구 및 이머징마켓에 있어서의 동향과 자금흐름 등 전반적인 경제를 둘러싼 환경이 아울러져서 연구되고 있는 것이다.

그림 5-13 공평과세의 주장 측면

일각에서는 상속세제의 경우 공제축소를 주장

↓

가업상속부문의 공제에 대하여도 중소기업과 비상장기업
으로 축소하고 공제한도의 축소와 가업에 대한 자산의 규
모에 대하여도 고려해야 한다고 주장

↓

고소득자들에게 세금을 무겁게 매기고 배당소득을 포함한
임대소득, 이자 등에 대한 종합적인 과세체계를 주장

미국의 경우 채권에 의한 소득에서의 세율은 비교적 낮은 것으로 알려져 있다. 미국의 일각에서 이는 분배체계에 있어서 옳지 못하다고 주장하고 있지만 다른 측면에서는 기업활동에 필요하다는 주장을 하고 있다. 미국에서는 민주당보다는 공화당 집권시에 정책적으로 기업활동에 대한 자유스러운 측면을 강조하고 있는 것으로 일반적으로 알려져 있다. 이는 정당별로 추구하는 정책들이 다를 수 있기 때문이다.

그림 5-14 미국의 경우 과세와 기업활동의 관계

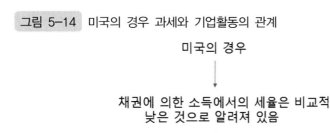

표 5-2 미국의 경우 과세와 기업활동의 관계에 대한 체계

정 의	구 성
미국의 경우 과세와 기업활동의 관계	미국의 경우 채권에 의한 소득에서의 세율은 비교적 낮은 것으로 알려져 있다. 미국의 일각에서 이는 분배체계에 있어서 옳지 못하다고 주장하고 있지만 다른 측면에서는 기업활동에 필요하다는 주장을 하고 있다.

일반적으로 재테크통계학에서 사용하는 모형들의 변수에는 평균적인 주택의 가격동향과 주택의 임대수익, 지방자치단체의 재산세제의 징수액, 1인당의 과세를 부과한 후의 소득 수준, 자동차의 보유 또는 보유 숫자, 거주인구에 대한 평균적인 나이 및 수 등이 필요하다. 이러한 측면에 있어서 계급과 관련하여 히스토그램이나 꺾은 선 그래프, 파이차트 등으로 표기가 가능한 것이다. 그리고 도수 및 이들과 관련하여 모집단과 표본 등 추출과 추정의 과정을 거치게 된다. 그리고 평균값과 최대 및 최소, 더 나아가 상관계수 등도 구하면 거시경제변수와 산업, 세제 그리고 기업 및 개인단위까지 재테크통계학에 관련된 주식을 비롯한 금융자산과 실물자산에 대

한 동향을 분석적으로 살펴볼 수 있는 것이다. 그리고 가장 중요한 측면 중에 하나
는 소비와 관련하여 이들 거시경제변수들의 동향을 살펴보면 대체로 경기 및 소비
수준판단 측면을 파악해 자산 가치의 동향과 투자에 대한 예측 지표들을 형성해 나
갈 수 있는 것이다.[6]

표 5-3	재테크통계학에서 일반적인 변수들과 소비변수의 관계

정 의	구 성
재테크통계학에서 일반적인 변수들과 소비변수의 관계	재테크통계학에서 사용하는 모형들의 변수에는 평균적인 주택의 가격동향과 주택의 임대수익, 지방자치단체의 재산세제의 징수액, 1인당의 과세를 부과한 후의 소득 수준, 자동차의 보유 또는 보유 숫자, 거주인구에 대한 평균적인 나이 및 수 등이 필요하다. 이러한 측면에 있어서 계급과 관련하여 히스토그램이나 꺾은 선 그래프, 파이차트 등으로 표기가 가능한 것이다. 그리고 도수 및 이들과 관련하여 모집단과 표본 등 추출과 추정의 과정을 거치게 된다. 그리고 평균값과 최대 및 최소, 더 나아가 상관계수 등도 구하면 거시경제변수와 산업, 세제 그리고 기업 및 개인단위까지 재테크통계학에 관련된 주식을 비롯한 금융자산과 실물자산에 대한 동향을 분석적으로 살펴볼 수 있는 것이다. 그리고 가장 중요한 측면 중에 하나는 소비와 관련하여 이들 거시경제 변수들의 동향을 살펴보면 대체로 경기 및 소비 수준판단 측면을 파악해 자산 가치의 동향과 투자에 대한 예측 지표들을 형성해 나갈 수 있는 것이다.

| 그림 5-15 | 한국 KOSPI 회사수(2017년 4월~2019년 3월, 월간, 사 단위)와 한국 KOSPI 종목수(2017년 4월~2019년 3월, 월간, 종목 단위) 동향 |

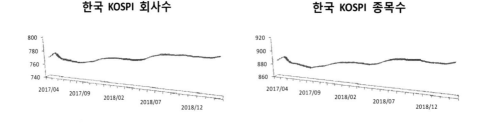

---

6) Rohlf, F. J., and R. R. Sokal.(1981), Statistical Tables, Second, New York, NY: W. H. Freeman, pp. 52-87.

<그림 5−15>에는 한국 KOSPI 회사수(2017년 4월~2019년 3월, 월간, 사 단위)와 한국 KOSPI 종목수(2017년 4월~2019년 3월, 월간, 종목 단위) 동향이 표기되어 나타나 있다. 이 자료는 한국은행(Bank of Korea)에서 제공하는 경제통계와 관련된 시스템(인터넷 홈페이지)을 통하여 입수한 것이다. 한국 KOSPI 회사수와 한국 KOSPI 종목수 모두 최근 들어서도 증가 추세가 이어지고 있다. 이는 자금 측면에 있어서 기업들에게 긍정적인 측면으로 판단해 볼 수 있다. 그리고 이는 유동성(liquidity)이 풍부하다는 측면으로 자본시장(capital market)을 유추해 볼 수도 있다. 이는 앞서도 살펴본 계급과 도수 등이 통계학에서 중요한 위치임을 파악해 볼 수 있는 것으로 기술적인(descriptive) 통계학(statistics)에 해당한다.

그림 5-16 한국 KOSPI 상장주식수(2017년 4월~2019년 3월, 월간, 주 단위)와 한국 KOSPI 시가총액(2017년 4월~2019년 3월, 월간, 천원 단위) 동향

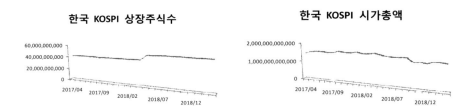

<그림 5−16>에는 한국 KOSPI 상장주식수(2017년 4월~2019년 3월, 월간, 주 단위)와 한국 KOSPI 시가총액(2017년 4월~2019년 3월, 월간, 천원 단위) 동향이 표기되어 나타나 있다. 이 자료는 한국은행(Bank of Korea)에서 제공하는 경제통계와 관련된 시스템(인터넷 홈페이지)을 통하여 입수한 것이다.

한국 KOSPI 상장주식수와 한국 KOSPI 시가총액의 동향을 살펴보면, 한국 KOSPI 상장주식수는 최근 들어서도 완만한 상승 추세를 보이고 있다. 이들 지표들이 향후에도 지속적인 상승 추세를 나타내기 위해서는 한국의 기초경제(fundamentals)가 안정적인 흐름을 보여야 할 것으로 판단된다.

<그림 5−17>에는 한국 KOSPI 거래량(2017년 4월~2019년 3월, 월간, 주 단위)과 한국 KOSPI 거래대금(2017년 4월~2019년 3월, 월간, 천원 단위) 동향이 표기되어 나타나 있다. 이 자료는 한국은행(Bank of Korea)에서 제공하는 경제통계와 관련된 시

스템(인터넷 홈페이지)을 통하여 입수한 것이다.

그림 5-17 한국 KOSPI 거래량(2017년 4월~2019년 3월, 월간, 주 단위)과 한국
KOSPI 거래대금(2017년 4월~2019년 3월, 월간, 천원 단위) 동향

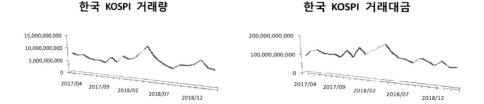

한국 KOSPI 거래량과 한국 KOSPI 거래대금의 동향을 살펴보면, 두 흐름에 있어서 국내 기관투자자 또는 개인투자자 이외에 외국인 투자자들의 꾸준한 관심과 투자가 필요한 것으로 판단된다. 특히 국내 산업에 있어서 4차 산업혁명과 같은 차세대 동력산업에 대한 꾸준한 관심과 투자여건의 조성도 무엇보다 중요할 것으로 보인다.

그림 5-18 한국 KOSPI 거래량 일평균(2017년 4월~2019년 3월, 월간, 주 단위)과 한
국 KOSPI 거래대금 일평균(2017년 4월~2019년 3월, 월간, 천원 단위) 동향

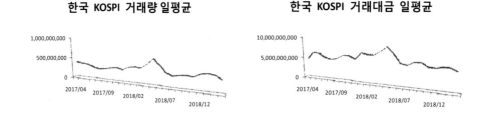

<그림 5-18>에는 한국 KOSPI 거래량 일평균(2017년 4월~2019년 3월, 월간, 주 단위)과 한국 KOSPI 거래대금 일평균(2017년 4월~2019년 3월, 월간, 천원 단위) 동향이 표기되어 나타나 있다. 이 자료는 한국은행(Bank of Korea)에서 제공하는 경제통계와 관련된 시스템(인터넷 홈페이지)을 통하여 입수한 것이다.

한국 KOSPI 거래량 일평균과 한국 KOSPI 거래대금 일평균을 살펴보면, 여기

서도 한국의 산업과 기초경제의 안정성 측면이 중요하며, 금리동향과 같은 자금시장의 선순환 구조가 함께 중요한 요소로서 작용할 것으로 판단된다.

제2절 | 재테크통계학에 있어서 계급의 한계치

계급의 한계(limit)에서는 upper limit로 불리는 상한의 값과 lower limit으로 불리는 하한의 값이 존재하게 된다. 엑셀(Excel)에는 임의의 계급에 있어서 상한의 임의의 값과 같은 데이터는 구간 안에 포함시킨다. 그리고 연속적인(continuous) 데이터일 때, 반올림한 관측치(observation)에 대하여 포함시킬 수 있게 이하는 표현과 초과라는 표현을 사용한다.

표 5-4 재테크통계학에 있어서 계급의 한계치, 상한의 값과 하한의 값

정 의	구 성
재테크통계학에 있어서 계급의 한계치, 상한의 값과 하한의 값	계급의 한계(limit)에서는 upper limit로 불리는 상한의 값과 lower limit으로 불리는 하한의 값이 존재하게 된다. 엑셀(Excel)에는 임의의 계급에 있어서 상한의 임의의 값과 같은 데이터는 구간 안에 포함시킨다. 그리고 연속적인(continuous) 데이터일 때, 반올림한 관측치(observation)에 대하여 포함시킬 수 있게 이하는 표현과 초과라는 표현을 사용한다.

이자에 대한 소득세의 경우 미래 소비 즉, 저축과 관련된 세금으로서 경제적인 측면에서는 인상요인은 바람직하지 않은 것으로 시장전문가들은 판단하고 있다. 이는 경제에 있어서 부정적인 측면이 작용할 수 있다고 보기 때문이다. 저축의 증가는 기업들에게 있어서 자금을 싸게 구입할 수 있다는 측면에 있어서 매력적인 측면이 분명히 있기 때문이다. 결국 저축의 증가는 투자의 증가로 자연스럽게 연결될 수 있다고 보는 것이다.

표 5-5 이자에 대한 소득세와 저축 및 투자 측면

정 의	구 성
이자에 대한 소득세와 저축 및 투자 측면	이자에 대한 소득세의 경우 미래 소비 즉, 저축과 관련된 세금으로서 경제적인 측면에서는 인상요인은 바람직하지 않은 것으로 시장전문가들은 판단하고 있다. 이는 경제에 있어서 부정적인 측면이 작용할 수 있다고 보기 때문이다. 저축의 증가는 기업들에게 있어서 자금을 싸게 구입할 수 있다는 측면에 있어서 매력적인 측면이 분명히 있기 때문이다. 결국 저축의 증가는 투자의 증가로 자연스럽게 연결될 수 있다고 보는 것이다.

그림 5-19 이자에 대한 소득세와 저축 및 투자 측면의 연계도

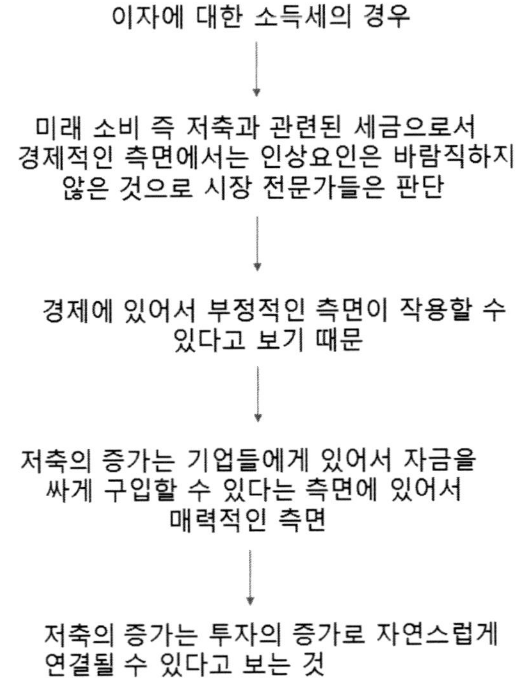

이자에 대한 소득세의 경우

↓

미래 소비 즉 저축과 관련된 세금으로서
경제적인 측면에서는 인상요인은 바람직하지
않은 것으로 시장 전문가들은 판단

↓

경제에 있어서 부정적인 측면이 작용할 수
있다고 보기 때문

↓

저축의 증가는 기업들에게 있어서 자금을
싸게 구입할 수 있다는 측면에 있어서
매력적인 측면

↓

저축의 증가는 투자의 증가로 자연스럽게
연결될 수 있다고 보는 것

　　패널데이터(panel data)를 사용하는 방법과 기타 통계적이거나 계량경제적인 분석방법을 사용할 경우 세제의 급격한 인상이 경제에 어떠한 영향을 주는지와 관련하여 많은 분석들이 이루어지고 있다.

　　<그림 5-20>에는 한국 KOSPI 종가(2017년 4월~2019년 3월, 월간, 1980.01.04.=

100)와 한국 KOSPI 평균(2017년 4월~2019년 3월, 월간, 1980.01.04=100) 동향이 표기되어 나타나 있다. 이 자료는 한국은행(Bank of Korea)에서 제공하는 경제통계와 관련된 시스템(인터넷 홈페이지)을 통하여 입수한 것이다.

한국 KOSPI 거래량 종가와 한국 KOSPI 평균을 살펴보면, 향후에도 이 지수들이 안정적인 흐름을 지속하기 위해서는 대내외경제(external and internal economy)의 안정이 매우 중요할 것으로 판단된다.

대외경제와 관련하여서는 2019년 초에 들어 2019년 미국의 금리가 안정적인 흐름을 보일 것으로 판단되는 가운데 선진국을 비롯한 이머징마켓에서도 환율과 금리, 거시경제변수의 안정이 중요할 것으로 보인다.

그림 5-20 한국 KOSPI 종가(2017년 4월~2019년 3월, 월간, 1980.01.04=100)와 한국 KOSPI 평균(2017년 4월~2019년 3월, 월간, 1980.01.04=100) 동향

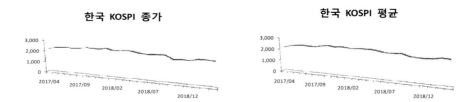

그림 5-21 한국 KOSPI 상장주식 회전율(2017년 4월~2019년 3월, 월간, % 단위)과 한국 KOSPI 배당수익률(2017년 4월~2019년 3월, 월간, % 단위) 동향

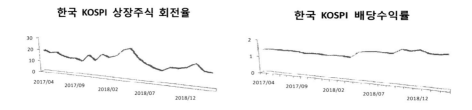

<그림 5-21>에는 한국 KOSPI 상장주식 회전율(2017년 4월~2019년 3월, 월간, % 단위)과 한국 KOSPI 배당수익률(2017년 4월~2019년 3월, 월간, % 단위) 동향이 표기되어 나타나 있다. 이 자료는 한국은행(Bank of Korea)에서 제공하는 경제통계와 관

련된 시스템(인터넷 홈페이지)을 통하여 입수한 것이다.

한국 KOSPI 상장주식 회전율과 한국 KOSPI 배당수익률을 살펴보면, 한국 KOSPI 상장주식 회전율이 높아지는 것과 한국 KOSPI 배당수익률이 높아지는 것이 장기 및 단기적으로 주식시장의 활성화에 도움이 될 수 있는지와 관련하여 논의가 있다.

향후 금융시장에 있어서 매우 중요한 암호화폐(cryptocurrency) 시장의 경우 장점은 블록체인의 기술을 사용한다는 것이고 금융의 범죄와 관련된 것만 차단한다면 디지털 경제의 시대(digital economy)에 있어서 매우 유용한 화폐수단이 될 것임은 틀림이 없다.

이는 2008년과 2009년의 미국의 서브프라임 모기지 사태 때 발생된 암호화폐 시장으로 미래의 화폐수단이 될 수 있는데, 몇 가지 안전장치와 유용성의 증대현상 등이 필수적으로 자리매김되어야 한다는 것이다.

표 5-6   암호화폐 시장의 장점과 보완사항

정 의	구 성
암호화폐 시장의 장점과 보완사항	향후 금융시장에 있어서 매우 중요한 암호화폐(cryptocurrency) 시장의 경우 장점은 블록체인의 기술을 사용한다는 것이고 금융의 범죄와 관련된 것만 차단한다면 디지털 경제의 시대(digital economy)에 있어서 매우 유용한 화폐수단이 될 것임은 틀림이 없다.

그림 5-22   암호화폐 시장의 장점과 보완사항의 체계도

암호화폐(cryptocurrency) 시장의 장점

↓

블록체인의 기술을 사용

↓

금융의 범죄와 관련된 것만 차단한다면 디지털 경제의
시대(digital economy)에 있어서 매우 유용한 화폐 수단

계급의 한계 값이 결정되게 되면 계급(class)에 의한 중간적인 점인 계급의 점에 대하여 산출할 수 있게 된다. 이는 계급의 상한에다가 계급의 하한의 값을 더하여 2로 나누어주면 의도하는 값이 나오게 된다.

표 5-7 재테크통계학에 있어서 계급의 점

정 의	구 성
재테크통계학에 있어서 계급의 점	계급의 한계 값이 결정되게 되면 계급(class)에 의한 중간적인 점인 계급의 점에 대하여 산출할 수 있게 된다. 이는 계급의 상한에다가 계급의 하한의 값을 더하여 2로 나누어주면 의도하는 값이 나오게 된다.

그림 5-23 재테크통계학에 있어서 계급의 점과 관련된 체계도

계급의 한계 값이 결정

↓

계급(class)에 의한 중간적인 점인 계급의 점에 대하여 산출

↓

계급의 상한에다가 계급의 하한의 값을 더하여 2로 나누어주면
의도하는 값이 나오게 됨

경제주체들의 경우 위험회피도에 따른 공격투자 성향의 정도와 노동과 여가사용에 대한 개개인들의 선택(choice) 등이 각자가 처해 있는 임금구조와 자산 정도 등에 따라 다르게 나타난다. 또한 세금부과에 따른 정부지출의 방향성과 관련하여 파레토 효율성 제고에서 나타나는 정도 및 공정성과 분배문제 등 복잡하게 나타난다. 그리고 이는 공정한 소득재분배를 통한 건전한 사회 및 경제체제의 구성도 필요한 것으로 판단된다. 그리고 경제의 활성화와 개개인들의 효용극대화 및 시장실패가 발생하지 않도록 하는 시장왜곡현상의 방지 및 완전경쟁시장의 활성화가 무엇보다 중요한 것으로 판단된다. 이는 생산성(productivity)이 높은 사람에게 정당하게 높은 임금이 지불되도록 하는 자본주의의 유지도 매우 중요하다. 이는 저출산 고령화시대에 있어서 잠재성장률이 낮아지는 것을 최대한 늦추는 방향에서도 경제활성화 측면과 경제활동가능인구의 효과적인 사용 측면에서 중요한 것이다. 그리고 여가사

용보다 노동공급이 보다 정당하게 지급을 받을 수 있는 사회풍토와 경제적인 제도 보완 측면도 여기에는 관련될 수 있다고 시장전문가들은 보고 있다. 그리고 노동과 관련하여 세금부과가 정당하게 이루어져야만 노동에 대한 가치가 온전히 보존될 수 있다고 판단하고 있다.

| 표 5-8 | 경제 및 시장의 활성화 |

정 의	구 성
경제 및 시장의 활성화	경제주체들의 경우 위험회피도에 따른 공격투자 성향의 정도와 노동과 여가사용에 대한 개개인들의 선택(choice) 등이 각자가 처해 있는 임금구조와 자산 정도 등에 따라 다르게 나타난다. 또한 세금부과에 따른 정부지출의 방향성과 관련하여 파레토 효율성 제고에서 나타나는 정도 및 공정성과 분배 문제 등 복잡하게 나타난다. 그리고 이는 공정한 소득재분배를 통한 건전한 사회 및 경제체제의 구성도 필요한 것으로 판단된다. 그리고 경제의 활성화와 개개인들의 효용극대화 및 시장실패가 발생하지 않도록 하는 시장왜곡현상의 방지 및 완전경쟁시장의 활성화가 무엇보다 중요한 것으로 판단된다. 이는 생산성(productivity)이 높은 사람에게 정당하게 높은 임금이 지불되도록 하는 자본주의의 유지도 매우 중요하다. 이는 저출산 고령화 시대에 있어서 잠재성장률이 낮아지는 것을 최대한 늦추는 방향에서도 경제활성화 측면과 경제활동가능인구의 효과적인 사용 측면에서 중요한 것이다. 그리고 여가사용보다 노동공급이 보다 정당하게 지급을 받을 수 있는 사회풍토와 경제적인 제도보완 측면도 여기에는 관련될 수 있다고 시장전문가들은 보고 있다. 그리고 노동과 관련하여 세금부과가 정당하게 이루어져야만 노동에 대한 가치가 온전히 보존될 수 있다고 판단하고 있다.

| 그림 5-24 | 위험회피도에 따른 임금구조와 자산 정도 |

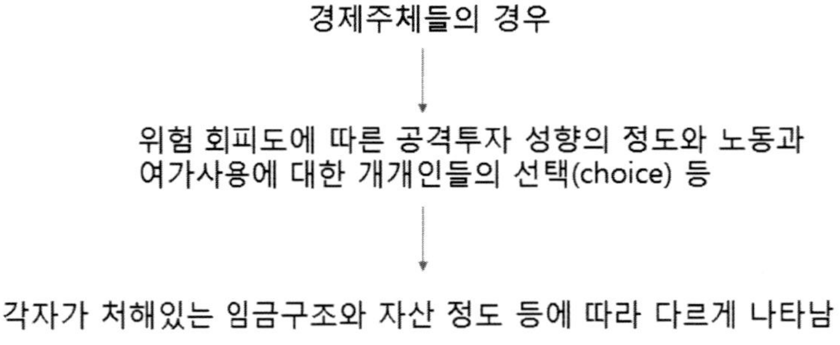

경제주체들의 경우

↓

위험 회피도에 따른 공격투자 성향의 정도와 노동과
여가사용에 대한 개개인들의 선택(choice) 등

↓

각자가 처해있는 임금구조와 자산 정도 등에 따라 다르게 나타남

그림 5-25 세금부과에 따른 정부지출의 방향성과 파레토 효율성

세금부과에 따른 정부지출의 방향성

↓

파레토 효율성 제고에서 나타나는 정도 및 공정성과 분배 문제

↓

공정한 소득재분배를 통한 건전한 사회 및
경제체제의 구성도 필요한 것으로 판단

그림 5-26 경제의 활성화와 개개인들의 효용극대화 및 시장실패의 방지

경제의 활성화

↓

개개인들의 효용 극대화

↓

시장실패가 발생하지 않도록 하는 시장왜곡
현상의 방지 및 완전경쟁시장의 활성화

↓

생산성(productivity)이 높은 사람에게 정당하게
높은 임금이 지불되도록 하는 자본주의의 유지도 매우 중요

그림 5-27 조세정책과 여가 및 노동공급과의 관계

시장전문가 :
여가사용보다 노동공급이 보다 정당하게 지급을 받을 수 있는
사회풍토와 경제적인 제도보완측면

↓

노동과 관련하여 세금부과가 정당하게 이루어져야만
노동에 대한 가치가 온전히 보존될 수 있다고 판단

자본주의에 따른 부의 정당한 축적과 이를 통한 경제활성화가 매우 중요한 것으로 판단된다. 이를 토대로 하여 1인당 GDP의 향상과 일자리 창출 및 잠재성장률의 감소를 둔화시키는 정책 등이 중요한 한 축을 이루고 있는 것이다.

제3편 재테크의 기술 및 추리통계학적 접근과 실무적인 분석 사례

연습 문제

01 재테크통계학에 있어서 계급 구간의 범위 설정에 대하여 설명하시오.

▼ 정답 ▲

정 의	구 성
재테크통계학에 있어서 계급 구간의 범위 설정	재테크통계학에 있어서 계급의 구간을 설정할 때에는 범위(range)에 대하여 계급(class)에 의한 숫자(수)로 나누어 구한다. 데이터에 대한 최대의 값에서 데이터에 대한 최소의 값의 차이 값을 계급에 의한 숫자로 나누어서 구한다.

02 미국의 경우 과세와 기업활동의 관계에 대한 체계에 대하여 설명하시오.

▼ 정답 ▲

정 의	구 성
미국의 경우 과세와 기업활동의 관계	미국의 경우 채권에 의한 소득에서의 세율은 비교적 낮은 것으로 알려져 있다. 미국의 일각에서 이는 분배체계에 있어서 옳지 못하다고 주장하고 있지만 다른 측면에서는 기업활동에 필요하다는 주장을 하고 있다.

03 재테크통계학에서 일반적인 변수들과 소비변수의 관계에 대하여 설명하시오.

▼ 정답 ▲

재테크통계학에서 사용하는 모형들의 변수에는 평균적인 주택의 가격동향과 주택의 임대수익, 지방자치단체의 재산세제의 징수액, 1인당의 과세를 부과한 후의 소득 수준, 자동차의 보유 또는 보유 숫자, 거주인구에 대한 평균적인 나이 및 수 등이 필요하다. 이러한 측면에 있어서 계급과 관련하여 히스토그램이나 꺽은 선 그래프, 파이차트 등으로 표기가 가능한 것이다. 그리고 도수 및 이들과 관련하여 모집단과 표본 등 추출과 추정의 과정을 거치게 된다. 그리고 평균값과 최대 및 최소, 더 나아가 상관계수 등도 구하면 거시경제변수와 산업, 세제 그리고 기업 및 개인단위까지 재테크통계학에 관련된 주식을 비롯한 금융자산과 실물자산에 대한 동향을 분석적으로 살펴볼 수 있는 것이다. 그리고 가장 중요한 측면 중에 하나는 소비와 관련하여 이들 거시경제변수들의 동향을 살펴보면 대체로 경기 및 소비 수준판단 측면을 파악해 자산 가치의 동향과 투자에 대한 예측 지표들을 형성해 나갈 수 있는 것이다.

04 재테크통계학에 있어서 계급의 한계치, 상한의 값과 하한의 값에 대하여 설명하시오.

▮ 정답 ▮

정 의	구 성
재테크통계학에 있어서 계급의 한계치, 상한의 값과 하한의 값	계급의 한계(limit)에서는 upper limit로 불리는 상한의 값과 lower limit으로 불리는 하한의 값이 존재하게 된다. 엑셀(Excel)에는 임의의 계급에 있어서 상한의 임의의 값과 같은 데이터는 구간 안에 포함시킨다. 그리고 연속적인(continuous) 데이터일 때, 반올림한 관측치(observation)에 대하여 포함시킬 수 있게 이하는 표현과 초과라는 표현을 사용한다.

05 이자에 대한 소득세와 저축 및 투자 측면에 대하여 설명하시오.

▮ 정답 ▮

전 의	구 성
이자에 대한 소득세와 저축 및 투자 측면	이자에 대한 소득세의 경우 미래 소비 즉 저축과 관련된 세금으로서 경제적인 측면에서는 인상요인은 바람직하지 않은 것으로 시장 전문가들은 판단하고 있다. 이는 경제에 있어서 부정적인 측면이 작용할 수 있다고 보기 때문이다. 저축의 증가는 기업들에게 있어서 자금을 싸게 구입할 수 있다는 측면에 있어서 매력적인 측면이 분명히 있기 때문이다. 결국 저축의 증가는 투자의 증가로 자연스럽게 연결될 수 있다고 보는 것이다.

06 암호화폐 시장의 장점과 보완사항에 대하여 설명하시오.

▮ 정답 ▮

정 의	구 성
암호화폐 시장의 장점과 보완사항	향후 금융시장에 있어서 매우 중요한 암호화폐(cryptocurrency) 시장의 경우 장점은 블록체인의 기술을 사용한다는 것이고 금융의 범죄와 관련된 것만 차단한다면 디지털 경제의 시대(digital economy)에 있어서 매우 유용한 화폐수단이 될 것임은 틀림이 없다.

07 재테크통계학에 있어서 계급의 점에 대하여 설명하시오.

▮ 정답 ▮

정 의	구 성
재테크통계학에 있어서 계급의 점	계급의 한계 값이 결정되게 되면 계급(class)에 의한 중간적인 점인 계급의 점에 대하여 산출할 수 있게 된다. 이는 계급의 상한에다가 계급의 하한의 값을 더하여 2로 나누어주면 의도하는 값이 나오게 된다.

08 경제 및 시장의 활성화에 대하여 설명하시오.

▌ 정답 ▟

정 의	구 성
경제 및 시장의 활성화	경제주체들의 경우 위험회피도에 따른 공격투자 성향의 정도와 노동과 여가사용에 대한 개개인들의 선택(choice) 등이 각자가 처해 있는 임금구조와 자산 정도 등에 따라 다르게 나타난다. 또한 세금부과에 따른 정부지출의 방향성과 관련하여 파레토 효율성 제고에서 나타나는 정도 및 공정성과 분배문제 등 복잡하게 나타난다. 그리고 이는 공정한 소득재분배를 통한 건전한 사회 및 경제체제의 구성도 필요한 것으로 판단된다. 그리고 경제의 활성화와 개개인들의 효용극대화 및 시장실패가 발생하지 않도록 하는 시장왜곡현상의 방지 및 완전경쟁시장의 활성화가 무엇보다 중요한 것으로 판단된다. 이는 생산성(productivity)이 높은 사람에게 정당하게 높은 임금이 지불되도록 하는 자본주의의 유지도 매우 중요하다. 이는 저출산 고령화 시대에 있어서 잠재성장률이 낮아지는 것을 최대한 늦추는 방향에서도 경제활성화 측면과 경제활동가능인구의 효과적인 사용 측면에서 중요한 것이다. 그리고 여가사용보다 노동공급이 보다 정당하게 지급을 받을 수 있는 사회풍토와 경제적인 제도보완 측면도 여기에는 관련될 수 있다고 시장전문가들은 보고 있다. 그리고 노동과 관련하여 세금부과가 정당하게 이루어져야만 노동에 대한 가치가 온전히 보존될 수 있다고 판단하고 있다.

Chapter
06

재테크통계학에 있어서의 모평균과 표본평균 활용

제1절 | 재테크통계학에 있어서 모평균을 활용한 분석

유럽의 경우 재산세제의 인상이 주택의 임대료시장에서 영향이 있고, 이에 따라 주택의 가격상승 부분에 있어서도 영향이 있다고 시장전문가들은 지적하고 있다. 하지만 유럽을 제외한 다른 국가들에 있어서도 이와 같은 현상이 있는지에 대하여는 의문의 여지가 있다고 이들은 판단하고 있다.[1]

이는 기간에 따라서 분석하는 변수들에 따라서도 다른 양상이 전개될 수 있기 때문이다. 그리고 이는 앞서도 지적한 바와 같이 경기 및 소비자들의 형평 및 판단지수 등을 잘 살펴볼 필요가 있다.

그리고 유동인구에 대한 변수들이 주택의 가격상승과도 연계될 수 있다. 지역에 따라서는 도시인지 지방인지와 도시 내에서도 역세권인지 그렇지 않은 지역인지

---

1) Jordi, G.(2008), Monetary Policy, Inflation, and the Business Cycle: An Introduction to the New Keynesian Framework, Princeton, NJ: Princeton University Press, pp. 15−76.

에 따라서도 가격차이가 존재할 수도 있다. 또한 이에는 국가의 금융·정책과 재정정책을 비롯한 각종 규제와 같은 법규 등도 물론 고려해 보아야 한다.

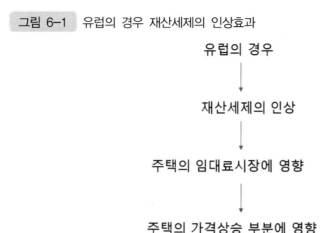

그림 6-1 유럽의 경우 재산세제의 인상효과

유럽의 경우

↓

재산세제의 인상

↓

주택의 임대료시장에 영향

↓

주택의 가격상승 부분에 영향

그림 6-2 재테크통계학에 있어서 고려변수: 기간 및 거시경제변수

기간에 따라서 분석하는 변수들에 따라서도 다른 양상이 전개

↓

경기 및 소비자들의 형평 및 판단지수 등을 잘 살펴볼 필요가 있음

그림 6-3 유동인구와 주택의 가격과의 상관성

유동인구에 대한 변수들이 주택의 가격상승과도 연계

↓

지역에 따라서는 도시인지 지방인지와 도시 내에서도
역세권인지 그렇지 않은 지역인지에 따라서도 가격차이가 존재

↓

국가의 금융정책과 재정정책을 비롯한 각종 규제와 같은 법규 등도
고려해 보아야 함

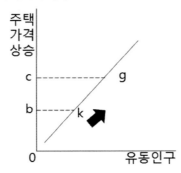

그림 6-4   유동인구와 주택가격 상승과의 관계

　　<그림 6-4>에는 유동인구와 주택가격 상승과의 관계가 나타나 있다. 일반적으로 유동인구가 늘어날수록 주택의 가격은 상승요인이 될 수 있는 것으로 분석된다. 이는 유동인구가 k점에서 g점으로 늘어날수록 주택가격은 b점에서 c점으로 상승할 수 있다는 것이다.

표 6-1   재산세제의 인상과 경기 및 소비요인 및 주택가격과 정부정책

정 의	구 성
재산세제의 인상과 경기 및 소비요인 및 주택가격과 정부정책	유럽의 경우 재산세제의 인상이 주택의 임대료시장에서 영향이 있고, 이에 따라 주택의 가격상승 부분에 있어서도 영향이 있다고 시장전문가들은 지적하고 있다. 하지만 유럽을 제외한 다른 국가들에 있어서도 이와 같은 현상이 있는지에 대하여는 의문의 여지가 있다고 이들은 판단하고 있다. 이는 기간에 따라서 분석하는 변수들에 따라서도 다른 양상이 전개될 수 있기 때문이다. 그리고 이는 앞서도 지적한 바와 같이 경기 및 소비자들의 형평 및 판단지수 등을 잘 살펴볼 필요가 있다. 그리고 유동인구에 대한 변수들이 주택의 가격상승과도 연계될 수 있다. 지역에 따라서는 도시인지 지방인지와 도시 내에서도 역세권인지 그렇지 않은 지역인지에 따라서도 가격차이가 존재할 수도 있다. 또한 이에는 국가의 금융정책과 재정정책을 비롯한 각종 규제와 같은 법규 등도 물론 고려해 보아야 한다.

　　블록체인과 암호화폐와 관련하여서는 지급결제에 따른 시간의 단축이 주요한 선결과제로 지적되고 있으며, 신뢰성을 높이는 것이 매우 중요함을 시장전문가들이 지적하고 있다. 불확실성과 지급결제수단으로서의 시간소요 문제는 블록체인의 기

술과 이에 동반하여 발전하고 있는 암호화폐시장의 발전에 선결요건이 되고 있는 것이다.

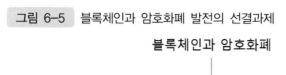

그림 6-5　블록체인과 암호화폐 발전의 선결과제

블록체인과 암호화폐

↓

지급결제에 따른 시간의 단축이 주요한 선결과제로 지적되고 있음

↓

신뢰성을 높이는 것이 매우 중요함

표 6-2　블록체인과 암호화폐 발전의 선결과제

정 의	구 성
블록체인과 암호화폐 발전의 선결과제	블록체인과 암호화폐와 관련하여서는 지급결제에 따른 시간의 단축이 주요한 선결과제로 지적되고 있으며, 신뢰성을 높이는 것이 매우 중요함을 시장전문가들이 지적하고 있다. 불확실성과 지급결제수단으로서의 시간소요 문제는 블록체인의 기술과 이에 동반하여 발전하고 있는 암호화폐시장의 발전에 선결요건이 되고 있는 것이다.

그림 6-6　한국 KOSPI 주가수익비율(2017년 4월~2019년 3월, 월간, 배 단위)과 한국 KOSDAQ 회사 수(2017년 4월~2019년 3월, 월간, 사 단위) 동향

한국 KOSPI 주가수익비율

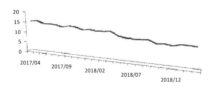

한국 KOSDAQ 회사수

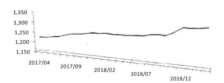

<그림 6-6>에는 한국 KOSPI 주가수익비율(2017년 4월~2019년 3월, 월간, 배 단위)과 한국 KOSDAQ 회사 수(2017년 4월~2019년 3월, 월간, 사 단위) 동향이 표기되어 나타나 있다. 이 자료는 한국은행(Bank of Korea)에서 제공하는 경제통계와 관련

된 시스템(인터넷 홈페이지)을 통하여 입수한 것이다. 2019년 4월 현재 미국의 S&P500지수와 나스닥지수가 최고치의 숫자를 갈아치우면서 뉴욕의 증권시장이 활황국면을 나타내고 있는데, 이는 2018년 말의 급락하였던 시장과는 다른 양상이다. 2018년 말에는 미국과 중국의 무역전쟁(trade war)의 장기화조짐과 연준(Fed)의 금리인상의 정책분위기 등에 따른 주식시장에 대한 불확실성(uncertainty)이 주요인이었는데 이와 같은 요인들이 증시에 주는 영향이 제한되었기 때문이다. 한국의 경우에도 이와 같은 증시에 있어서의 활황장세를 보이려면, 거시경제변수가 좋은 흐름을 보여야 하고 한국 KOSPI 주가(price) 수익(earning) 비율(ratio)이 매력적이어야 한다.

그림 6-7　한국 KOSDAQ 종목 수(2017년 4월~2019년 3월, 월간, 종목 단위)와 한국 KOSDAQ 상장주식수(2017년 4월~2019년 3월, 월간, 주 단위) 동향

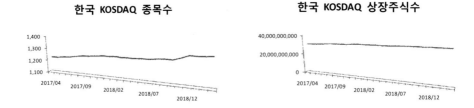

<그림 6-7>에는 한국 KOSDAQ 종목 수(2017년 4월~2019년 3월, 월간, 종목 단위)와 한국 KOSDAQ 상장주식수(2017년 4월~2019년 3월, 월간, 주 단위) 동향이 표기되어 나타나 있다. 이 자료는 한국은행(Bank of Korea)에서 제공하는 경제통계와 관련된 시스템(인터넷 홈페이지)을 통하여 입수한 것이다. 2019년 4월을 기준으로 살펴볼 때, 외국인을 비롯해 기관투자자들의 경우와 개인투자자들의 투자와 관련된 이익 측면에서 차이가 발생하고 있다. 이는 기관투자자와 외국인 투자자들에 비하여 개인투자자들의 이익이 적을 수 있다는 것이다. 또한 수익률의 제고 측면을 고함에 있어서도 종목선택에 신중함을 기해야 함은 물론이다.

그림 6-8 한국 KOSDAQ 시가총액(2017년 4월~2019년 3월, 월간, 천원 단위)과 한
국 KOSDAQ 거래량(2017년 4월~2019년 3월, 월간, 주 단위) 동향

한국 **KOSDAQ** 시가총액

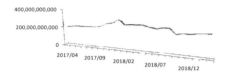

한국 **KOSDAQ** 거래량

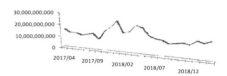

<그림 6-8>에는 한국 KOSDAQ 시가총액(2017년 4월~2019년 3월, 월간, 천원
단위)과 한국 KOSDAQ 거래량(2017년 4월~2019년 3월, 월간, 주 단위) 동향이 표기되
어 나타나 있다. 이 자료는 한국은행(Bank of Korea)에서 제공하는 경제통계와 관련
된 시스템(인터넷 홈페이지)을 통하여 입수한 것이다. <그림 6-8>의 한국
KOSDAQ 시가총액과 한국 KOSDAQ 거래량의 동향을 살펴보면, 두 지표 모두 최
근 들어 약간 상승하는 분위기로 나쁘지 않은 것으로 파악된다. 이와 같은 기조가
유지되려면 기업들의 경우 기술혁신(technology innovation)과 해외에 대한 투자협력
강화 등 규모의 경제를 가져올 수 있는 방법에 있어서도 노력을 해 나가야 한다.
<그림 6-9>에는 한국 KOSDAQ 거래대금(2017년 4월~2019년 3월, 월간, 천원 단위)
과 한국 KOSDAQ 거래량 일평균(2017년 4월~2019년 3월, 월간, 주 단위) 동향이 표기
되어 나타나 있다. 이 자료는 한국은행(Bank of Korea)에서 제공하는 경제통계와 관
련된 시스템(인터넷 홈페이지)을 통하여 입수한 것이다. 거래와 관련하여 2019년 초를
기준으로 살펴볼 경우 증권거래세의 경우 독일과 미국 및 일본에 있어서는 세제 자
체가 없는 상황이다. 이와 같은 자본이득에 과세하는 양도소득세와 증권거래세의
경우 두 가지의 경우 모두 과세에 있어서 적용하는 국가는 없는 것으로 나타나 있
다. 따라서 증권거래세를 낮추거나 없애는 것 또는 자본이득에 과세하는 양도소득
세 체계로 진행할지는 향후 국가경제와 증시 추세 등 다양한 변수들이 고려되어 전
개될 수도 있다.

그림 6-9	한국 KOSDAQ 거래대금(2017년 4월~2019년 3월, 월간, 천원 단위)과 한국 KOSDAQ 거래량 일평균(2017년 4월~2019년 3월, 월간, 주 단위) 동향

한국 KOSDAQ 거래대금

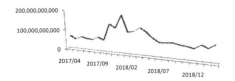

한국 KOSDAQ 거래량 일평균

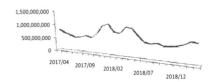

산술적인 평균의 값을 구하는데 있어서 모집단 평균의 값과 표본의 평균의 값은 다음과 같다. 우선 모집단 평균의 값은 다음과 같이 구성할 수 있다. 여기서 Y_k 는 개별적인 관측치(observation)를 의미한다. 그리고 모집단의 크기를 M이라고 하면 다음과 같다.

$$P = \frac{Y_1 + Y_2 + \cdots + Y_M}{M} = \frac{\sum_{k=1}^{M} Y_k}{M}$$

표 6-3	재테크통계학에 있어서 모평균을 활용한 분석

정 의	구 성
재테크통계학에 있어서 모평균을 활용한 분석	산술적인 평균의 값을 구하는데 있어서 모집단 평균의 값과 표본의 평균의 값은 다음과 같다. 우선 모집단 평균의 값은 다음과 같이 구성할 수 있다. 여기서 Y_k는 개별적인 관측치(observation)를 의미한다. 그리고 모집단의 크기를 M이라고 하면 다음과 같다. $$P = \frac{Y_1 + Y_2 + \cdots + Y_M}{M} = \frac{\sum_{k=1}^{M} Y_k}{M}$$ 재테크통계학에 있어서 모평균을 활용한 분석에서 주식의 경우 거래소에서 운영이 되고 있어서 거래소의 주식을 앞에서 살펴본 사례들과 이론을 중심으로 살펴보면 된다. 특히 미국의 경우 재무 관련 학회들의 자료들을 살펴보아도 평균을 중심으로 하여 주식의 가격이 움직이며 평균에서 과도하게 주가가 오를 경우 평균을 중심으로 회귀할 것으로 판단하고, 평균보다 과도하게 낮을 경우 평균을 중심으로 상승할 것으로 판단하고 있다. 이는 부동산과 주택정책에서도 살펴보았듯이 학계, 산업계 등의 지적도 평균을 중심으로 과도하게 낮을 경우 주식시장에서도 노력이 이루어져야 함을 의미하고 있다.

2019년 한국경제가 당면한 저출산 고령화 문제와 이에 따른 경제활동인구의 증가노력 및 잠재경제성장률에 관한 이슈를 해결하려고 하는 의지를 감안할 경우 거시경제변수 중에서 가장 중요한 경제활력 요소인 소비의 증가가 이루어져 나가야 하는 측면을 고려해야 한다는 것이 시장전문가들의 지적이다. 즉 현재든 미래든 소비여력이 줄어들게 되면, 이는 곧 생산위축과 고용 축소, 임금 삭감 등 경제의 선순환 구조에 있어서 나쁜 영향을 줄 수 있기 때문이다.[2] 이는 금융시장의 동향에 금리와 관련된 이슈를 잘 점검해 보아야 하는 것도 이와 같은 맥락에서 중요하다. 즉 개인들은 위험회피적인 행위(behavior)를 할 수밖에 없는데, 이에 따른 자금흐름과 투자행태도 금리 수준과 예측(prediction) 방향에 따라 달라지고 당연히 주택 및 토지에 대한 투자흐름도 매우 민감하게 진행될 것이기 때문이다.

| 표 6-4 | 2019년 이후 소비와 금리에 따른 경제에 대한 영향 |

정 의	구 성
2019년 이후 소비와 금리에 따른 경제에 대한 영향	2019년 한국경제가 당면한 저출산 고령화 문제와 이에 따른 경제활동인구의 증가노력 및 잠재경제성장률에 관한 이슈를 해결하려고 하는 의지를 감안할 경우 거시경제변수 중에서 가장 중요한 경제활력 요소인 소비의 증가가 이루어져 나가야 하는 측면을 고려해야 한다는 것이 시장전문가들의 지적이다. 즉 현재든 미래든 소비여력이 줄어들게 되면, 이는 곧 생산위축과 고용 축소, 임금 삭감 등 경제의 선순환 구조에 있어서 나쁜 영향을 줄 수 있기 때문이다. 이는 금융시장의 동향에 금리와 관련된 이슈를 잘 점검해 보아야 하는 것도 이와 같은 맥락에서 중요하다. 즉 개인들은 위험회피적인 행위(behavior)를 할 수밖에 없는데, 이에 따른 자금흐름과 투자행태도 금리 수준과 예측(prediction) 방향에 따라 달라지고 당연히 주택 및 토지에 대한 투자흐름도 매우 민감하게 진행될 것이기 때문이다.

---

2) Robert, L., and Sargent, T.(1981), Rational Expectations and Econometric Practice, Minneapolis: University of Minnesota Press, pp.101−112.

그림 6-10 2019년 이후 소비 증대의 중요성

2019년 한국경제가 당면한 저출산 고령화 문제

↓

경제활동인구의 증가노력 및 잠재경제성장률에 관한 이슈

↓

거시경제변수 중에서 가장 중요한 경제 활력 요소인
소비의 증가가 이루어져 나가야 하는 측면

그림 6-11 소비와 경제의 선순환 구조

현재든 미래든 소비 여력 감소

↓

생산위축과 고용 축소, 임금 삭감 등
경제의 선순환 구조에 있어서 나쁜 영향

그림 6-12 금리와 금융 및 실물자산변수들의 관계

금융시장의 동향

↓

금리와 관련된 이슈

↓

개인들은 위험회피적인 행위(behavior)를 할 수밖에 없는데,
이에 따른 자금 흐름과 투자행태

↓

금리수준과 예측(prediction) 방향에 따라 달라짐

↓

주택 및 토지에 대한 투자흐름도 매우 민감하게 진행

암호화폐(cryptocurrency) 시장의 경우 2019년 4월 들어 비트코인과 같은 대표적인 자산이 상승추세를 보이고 있다. 2018년의 최저점에 비교할 경우에는 2배 정도 이상의 상승한 것이다. 비트코인의 심리지수를 감안해도 좋아진 형국이다. 이와 같은 비트코인의 심리지수는 월간(monthly) 거래량과 채굴하는 비용 등이 변수로서 사용되어진다. 차트분석 즉, 기술적인 분석을 하는 시장전문가들은 이전의 고점 회복도 가능하리라는 긍정적인 전망을 내놓고 있는 상황이다. 암호화폐(cryptocurrency) 시장은 회복추세의 심리적인 부분은 투자자들의 투자처가 다양해질 수 있다는 측면으로도 판단되고, 이는 4차 산업혁명의 블록체인 기술의 활용 범위에도 연결될 수 있는 이슈라는 것이 시장전문가들의 의견들이다. 결국 암호화폐 시장의 활성화는 4차 산업혁명과 연결시킬 때 인공지능과 같이 각종 융합되는 산업들에 있어서 긍정적인 영향을 서로 줄 수 있는 플러스 섬게임(plus sum game)의 양태로 진행될 수 있다고 보는 것이다. 산업 간에 있어서 이는 곧 시너지효과(synergy effect)의 긍정적인 영향이 전통적인 산업과 함께 서로 발전해 나갈 수 있는 분야들이 더욱 늘어날 수 있다는 것이다. 그리고 이는 고급의 양질에 해당하는 일자리의 창출로도 연결되어 국가경제에도 이익이 될 수 있는 측면도 있다고 보고 있는 것이다.

표 6-5 암호화폐 시장의 동향과 투자

정 의	구 성
암호화폐 시장의 동향과 투자	암호화폐(cryptocurrency) 시장의 경우 2019년 4월 들어 비트코인과 같은 대표적인 자산이 상승추세를 보이고 있다. 2018년의 최저점에 비교할 경우에는 2배 정도 이상의 상승한 것이다. 비트코인의 심리지수를 감안해도 좋아진 형국이다. 이와 같은 비트코인의 심리지수는 월간(monthly) 거래량과 채굴하는 비용 등이 변수로서 사용되어진다. 차트분석 즉, 기술적인 분석을 하는 시장전문가들은 이전의 고점 회복도 가능하리라는 긍정적인 전망을 내놓고 있는 상황이다. 암호화폐(cryptocurrency) 시장은 회복추세의 심리적인 부분은 투자자들의 투자처가 다양해질 수 있다는 측면으로도 판단되고, 이는 4차 산업혁명의 블록체인 기술의 활용 범위에도 연결될 수 있는 이슈라는 것이 시장전문가들의 의견들이다.

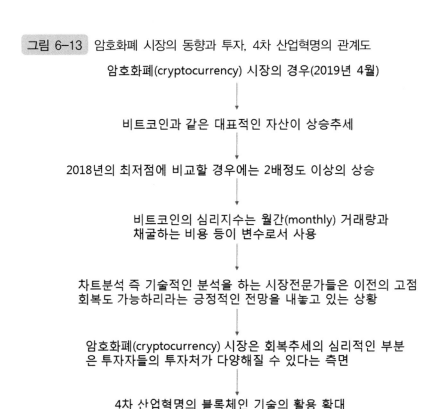

그림 6-13 암호화폐 시장의 동향과 투자, 4차 산업혁명의 관계도

암호화폐(cryptocurrency) 시장의 경우(2019년 4월)

비트코인과 같은 대표적인 자산이 상승추세

2018년의 최저점에 비교할 경우에는 2배정도 이상의 상승

비트코인의 심리지수는 월간(monthly) 거래량과
채굴하는 비용 등이 변수로서 사용

차트분석 즉 기술적인 분석을 하는 시장전문가들은 이전의 고점
회복도 가능하리라는 긍정적인 전망을 내놓고 있는 상황

암호화폐(cryptocurrency) 시장은 회복추세의 심리적인 부분
은 투자자들의 투자처가 다양해질 수 있다는 측면

4차 산업혁명의 블록체인 기술의 활용 확대

그림 6-14 한국 KOSDAQ 거래대금 일평균(2017년 4월~2019년 3월, 월간, 천원 단
위)과 한국 KOSDAQ 종가(2017년 4월~2019년 3월, 월간, 1996.07.01＝
1000) 동향

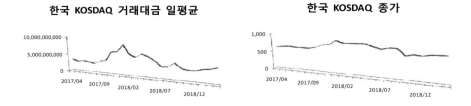

한국 **KOSDAQ** 거래대금 일평균   한국 **KOSDAQ** 종가

<그림 6-14>에는 한국 KOSDAQ 거래대금 일평균(2017년 4월~2019년 3월,
월간, 천원 단위)과 한국 KOSDAQ 종가(2017년 4월~2019년 3월, 월간, 1996.07.01＝1000)
동향이 표기되어 나타나 있다. 이 자료는 한국은행(Bank of Korea)에서 제공하는 경
제통계와 관련된 시스템(인터넷 홈페이지)을 통하여 입수한 것이다. 분석기간 중의 한

국 KOSDAQ 거래대금 일평균과 한국 KOSDAQ 종가를 살펴보면, 2018년 1월에 각각 고점을 형성하였다. 그리고 한국 KOSDAQ 종가의 최저점은 분석대상 기간의 시작인 2017년 4월이었으며, 한국 KOSDAQ 거래대금 일평균은 2017년 8월이 최저점을 형성하였다. 이와 같은 추세를 살펴보면 최대의 값 부근에서 거래량과 주식가격 고점 형성의 시기가 일치하면서 잘 이루어져서 거래량도 활발하고 주가도 동반 상승하는 모양(shape)을 지님을 알 수 있다. 분석기간 중의 한국 KOSDAQ 거래대금 일평균에 대한 평균값은 4,460,699,042.041의 천원 단위이었으며, 한국 KOSDAQ 종가의 평균의 값은 750.095이었다.

그림 6-15 한국 KOSDAQ 평균(2017년 4월~2019년 3월, 월간, 1996.07.01=1000)과 한국 KOSDAQ 상장주식 회전율(2017년 4월~2019년 3월, 월간, % 단위) 동향

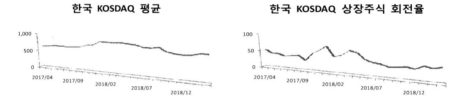

<그림 6-15>에는 한국 KOSDAQ 평균(2017년 4월~2019년 3월, 월간, 천원 단위)과 한국 KOSDAQ 상장주식 회전율(2017년 4월~2019년 3월, 월간, 1996.07.01.= 1000) 동향이 표기되어 나타나 있다. 이 자료는 한국은행(Bank of Korea)에서 제공하는 경제통계와 관련된 시스템(인터넷 홈페이지)을 통하여 입수한 것이다. 분석기간 중의 한국 KOSDAQ 평균과 한국 KOSDAQ 상장주식 회전율을 살펴보면, 2018년 4월과 2018년 1월에 각각 고점을 형성하였다. 2018년 1월의 고점은 한국 KOSDAQ 거래대금 일평균과 한국 KOSDAQ 종가의 고점과 같은 시기이다. 그리고 한국 KOSDAQ 평균의 최저점의 값은 2017년 4월이었으며, 한국 KOSDAQ 상장주식 회전율의 최저점의 값은 2017년 10월이었다. 또한 한국 KOSDAQ 평균의 분석기간 동안의 평균의 값은 748.430이었으며 한국 KOSDAQ 상장주식 회전율의 평균의 값은 44.891이었다. 따라서 일반적으로 주식시장이 좋은 양상의 장세를 보일 때 주식회전율과 거래량 및 거래대금과 일정한 상관관계가 있을 것으로 판단된다. 미국의

세계적으로 가장 유명한 투자자로 알려진 인물 중에 한 사람은 독점(monopoly) 또는 과점(oligopoly)적인 위치를 가지는 주식에 주로 투자를 하고 신용평가가 높고 진입이 자유롭지 못하고(entry barrier), 규모의 경제(economies of scale) 등이 있는 업종에 주로 투자하는 경향이 있다고 알려져 있다. 이와 같은 투자패턴은 결국 회전율 제고에 따른 단기적인 투자성과(performance)보다는 개인 및 기관투자자들의 경우에 있어서 장기보유에 따른 장기간의 시세차익에 주로 몰두하는 투자패턴과 관련되어 있다고 시장참여자들은 보고 있다.

표 6-6   회전율 제고에 따른 단기적인 투자성과와 장기간 보유의 시세차익

정 의	구 성
회전율 제고에 따른 단기적인 투자성과와 장기간 보유의 시세차익	미국의 세계적으로 가장 유명한 투자자로 알려진 인물 중에 한 사람은 독점(monopoly) 또는 과점(oligopoly)적인 위치를 가지는 주식에 주로 투자를 하고 신용평가가 높고 진입이 자유롭지 못하고(entry barrier), 규모의 경제(economies of scale) 등이 있는 업종에 주로 투자하는 경향이 있다고 알려져 있다. 이와 같은 투자패턴은 결국 회전율 제고에 따른 단기적인 투자성과(performance)보다는 개인 및 기관투자자들의 경우에 있어서 장기보유에 따른 장기간의 시세차익에 주로 몰두하는 투자패턴과 관련되어 있다고 시장참여자들은 보고 있다.

그림 6-16   회전율 제고에 따른 단기 투자성과와 장기간 보유의 시세차익 대비도

미국의 세계적으로 가장 유명한 투자자로
알려진 인물 중에 한 사람의 투자패턴 양상

↓

독점(monopoly) 또는 과점(oligopoly)적인
위치를 가지는 주식에 주로 투자

↓

신용평가가 높고 진입이 자유롭지 못하고(entry barrier), 규모의
경제(economies of scale) 등이 있는 업종에 주로 투자하는 경향

↓

회전율 제고에 따른 단기적인 투자성과(performance)보다는
개인 및 기관투자자들의 경우에 있어서 장기보유에 따른 장기
간의 시세차익에 주로 몰두하는 투자패턴

그림 6-17 한국 매도 거래량(2017년 4월~2019년 3월, 월간, 천주 단위)과 한국 매도
거래대금(2017년 4월~2019년 3월, 월간, 백만원 단위) 동향

한국 매도 거래량

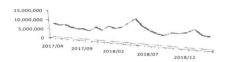

한국 매도 거래대금

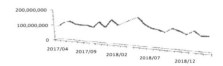

<그림 6-17>에는 한국 매도 거래량(2017년 4월~2019년 3월, 월간, 천주 단위)과
한국 매도 거래대금(2017년 4월~2019년 3월, 월간, 백만원 단위) 동향이 표기되어 나타
나 있다. 이 자료는 한국은행(Bank of Korea)에서 제공하는 경제통계와 관련된 시스
템(인터넷 홈페이지)을 통하여 입수한 것이다.

분석기간 중의 한국 매도 거래량과 한국 매도 거래대금을 살펴보면, 2018년 5
월에 각각 고점을 형성하였다. 그리고 한국 매도 거래량의 최저점은 2017년 10월이
었으며, 한국 매도 거래대금의 최저점은 분석대상 기간의 시작인 2017년 4월이었다.

주지의 사실과 같이 한국 주식에 대한 장기간의 보유에 따른 매수 우위를 가지
려면 미국의 금리정책에 따른 금융시장의 안정과 경제의 안정화 및 지정학적인 요
인위험의 완화 등이 중요할 것으로 시장참가자들은 내다보고 있다.

표본(sample)의 구성에 있어서 평균의 값은 다음과 같다. 여기서도 Y_k는 개별
적인 관측치를 의미하며, m의 경우에는 표본에 있어서 크기를 나타낸다.

$$\overline{Y} = \frac{Y_1 + Y_2 + \cdots + Y_m}{m} = \frac{\sum\limits_{k=1}^{m} Y_k}{m}$$

표 6-7 재테크 통계학에 있어서의 표본평균

정 의	구 성
재테크 통계학에 있어서의 표본평균	표본(sample)의 구성에 있어서 평균의 값은 다음과 같다. 여기서도 Y_k는 개별적인 관측치를 의미하며, m의 경우에는 표본에 있어서 크기를 나타낸다. $$\overline{Y} = \frac{Y_1 + Y_2 + \cdots + Y_m}{m} = \frac{\sum\limits_{k=1}^{m} Y_k}{m}$$

표본평균의 경우 모평균을 통하여 조사가 어려운 통계에 주로 사용할 수 있다. 이를 통하여 기술적인 통계학을 통하여 추정 또는 추리통계학이라고 불리는 과정으로 하여 결론에 도달할 수 있다. 이와 같은 표본평균이 사용되는 것은 세계인구 추계와 같이 광범위한 데이터 등의 추계에도 매우 유용하다고 하겠다. 또한 표본평균을 통하여 미리 테스트용으로 사용할 경우 모평균의 조사보다 시간과 조사에 따른 비용 측면에서도 유용할 수 있다.

제3편 재테크의 기술 및 추리통계학적 접근과 실무적인 분석 사례

연습 문제

01 재산세제의 인상과 경기 및 소비요인 및 주택가격과 정부정책에 대하여 설명하시오.

▼ 정답 ◢

정 의	구 성
재산세제의 인상과 경기 및 소비요인 및 주택가격과 정부정책	유럽의 경우 재산세제의 인상이 주택의 임대료시장에서 영향이 있고, 이에 따라 주택의 가격상승 부분에 있어서도 영향이 있다고 시장전문가들은 지적하고 있다. 하지만 유럽을 제외한 다른 국가들에 있어서도 이와 같은 현상이 있는 지에 대하여는 의문의 여지가 있다고 이들은 판단하고 있다. 이는 기간에 따라서 분석하는 변수들에 따라서도 다른 양상이 전개될 수 있기 때문이다. 그리고 이는 앞서도 지적한 바와 같이 경기 및 소비자들의 형평 및 판단지수 등을 잘 살펴볼 필요가 있다. 그리고 유동인구에 대한 변수들이 주택의 가격상승과도 연계될 수 있다. 지역에 따라서는 도시인지 지방인지와 도시 내에서도 역세권인지 그렇지 않은 지역인지에 따라서도 가격차이가 존재할 수도 있다. 또한 이에는 국가의 금융정책과 재정정책을 비롯한 각종 규제와 같은 법규 등도 물론 고려해 보아야 한다.

02 블록체인과 암호화폐 발전의 선결과제에 대하여 설명하시오.

▼ 정답 ◢

정 의	구 성
블록체인과 암호화폐 발전의 선결과제	블록체인과 암호화폐와 관련하여서는 지급결제에 따른 시간의 단축이 주요한 선결과제로 지적되고 있으며, 신뢰성을 높이는 것이 매우 중요함을 시장전문가들이 지적하고 있다. 불확실성과 지급결제수단으로서의 시간소요 문제는 블록체인의 기술과 이에 동반하여 발전하고 있는 암호화폐 시장의 발전에 선결요건이 되고 있는 것이다.

03 재테크통계학에 있어서 모평균을 활용한 분석에 대하여 설명하시오.

▼ 정답 ◢

산술적인 평균의 값을 구하는데 있어서 모집단 평균의 값과 표본의 평균의 값은 다음과 같다. 우선 모집단 평균의 값은 다음과 같이 구성할 수 있다. 여기서 Y_k는 개별적인 관측치(observation)를 의미한다. 그리고 모집단의 크기를 M이라고 하면 다음과 같다.

$$P = \frac{Y_1 + Y_2 + \cdots + Y_M}{M} = \frac{\sum_{k=1}^{M} Y_k}{M}$$

재테크통계학에 있어서 모평균을 활용한 분석에서 주식의 경우 거래소에서 운영이 되고 있어서 거래소의 주식을 앞에서 살펴본 사례들과 이론을 중심으로 살펴보면 된다. 특히 미국의 경우 재무 관련 학회들의 자료들을 살펴보아도 평균을 중심으로 하여 주식의 가격이 움직이며 평균에서 과도하게 주가가 오를 경우 평균을 중심으로 회귀할 것으로 판단하고, 평균보다 과도하게 낮을 경우 평균을 중심으로 상승할 것으로 판단하고 있다. 이는 부동산과 주택정책에서노 살펴보았듯이 악계, 산업계 등의 지적도 평균을 숭심으로 과도하게 낮을 경우 주식시장에서도 노력이 이루어져야 함을 의미하고 있다.

04 2019년 이후 소비와 금리에 따른 경제에 대한 영향에 대하여 설명하시오.

▮ 정답 ▮

정 의	구 성
2019년 이후 소비와 금리에 따른 경제에 대한 영향	2019년 한국경제가 당면한 저출산 고령화 문제와 이에 따른 경제활동인구의 증가노력 및 잠재경제성장률에 관한 이슈를 해결하려고 하는 의지를 감안할 경우 거시경제변수 중에서 가장 중요한 경제활력 요소인 소비의 증가가 이루어져 나가야 하는 측면을 고려해야 한다는 것이 시장전문가들의 지적이다. 즉 현재든 미래든 소비여력이 줄어들게 되면, 이는 곧 생산위축과 고용 축소, 임금 삭감 등 경제의 선순환 구조에 있어서 나쁜 영향을 줄 수 있기 때문이다. 이는 금융·시장의 동향에 금리와 관련된 이슈를 잘 점검해 보아야 하는 것도 이와 같은 맥락에서 중요하다. 즉 개인들은 위험회피적인 행위(behavior)를 할 수밖에 없는데, 이에 따른 자금흐름과 투자행태도 금리 수준과 예측(prediction) 방향에 따라 달라지고 당연히 주택 및 토지에 대한 투자흐름도 매우 민감하게 진행될 것이기 때문이다.

05 암호화폐 시장의 동향과 투자에 대하여 설명하시오.

▮ 정답 ▮

암호화폐(cryptocurrency) 시장의 경우 2019년 4월 들어 비트코인과 같은 대표적인 자산이 상승추세를 보이고 있다. 2018년의 최저점에 비교할 경우에는 2배 정도 이상의 상승한 것이다.

비트코인의 심리지수를 감안해도 좋아진 형국이다. 이와 같은 비트코인의 심리지수는 월간(monthly) 거래량과 채굴하는 비용 등이 변수로서 사용되어진다. 차트분석 즉 기술적인 분석을 하는 시장전문가들은 이전의 고점 회복도 가능하리라는 긍정적인 전망을 내놓고 있는 상황이다.

암호화폐(cryptocurrency) 시장은 회복추세의 심리적인 부분은 투자자들의 투자처가 다양해질 수 있다는 측면으로도 판단되고, 이는 4차 산업혁명의 블록체인 기술의 활용 범위에도 연결될 수 있는 이슈라는 것이 시장전문가들의 의견들이다.

06 회전율 제고에 따른 단기적인 투자성과와 장기간 보유의 시세차익에 대하여 설명하시오.

▌ 정답 ▟

정 의	구 성
회전율 제고에 따른 단기적인 투자성과와 장기간 보유의 시세차익	미국의 세계적으로 가장 유명한 투자자로 알려진 인물 중에 한 사람은 독점(monopoly) 또는 과점(oligopoly)적인 위치를 가지는 주식에 주로 투자를 하고 신용평가가 높고 진입이 자유롭지 못하고(entry barrier), 규모의 경제(economies of scale) 등이 있는 업종에 주로 투자하는 경향이 있다고 알려져 있다. 이와 같은 투자패턴은 결국 회전율 제고에 따른 단기적인 투자성과(performance)보다는 개인 및 기관투자자들의 경우에 있어서 장기보유에 따른 장기간의 시세차익에 주로 몰두하는 투자패턴과 관련되어 있다고 시장참여자들은 보고 있다.

07 재테크통계학에 있어서의 표본평균에 대하여 설명하시오.

▌ 정답 ▟

정 의	구 성
재테크통계학에 있어서의 표본평균	표본(sample)의 구성에 있어서 평균의 값은 다음과 같다. 여기서도 Y_k는 개별적인 관측치를 의미하며, m의 경우에는 표본에 있어서 크기를 나타낸다. $$\overline{Y} = \frac{Y_1 + Y_2 + \cdots + Y_m}{m} = \frac{\sum_{k=1}^{m} Y_k}{m}$$
	표본평균의 경우 모평균을 통하여 조사가 어려운 통계에 주로 사용할 수 있다. 이를 통하여 기술적인 통계학을 통하여 추정 또는 추리통계학이라고 불리는 과정으로 하여 결론에 도달할 수 있다. 이와 같은 표본평균이 사용되는 것은 세계인구 추계와 같이 광범위한 데이터 등의 추계에도 매우 유용하다고 하겠다. 또한 표본평균을 통하여 미리 테스트용으로 사용할 경우 모평균의 조사보다 시간과 조사에 따른 비용 측면에서도 유용할 수 있다.

제4편

재테크통계학에 있어서 집합과
확률 및 분산 효과

재테크통계학의 분산(모집단)과 분산(표본)의 분석

제1절 | 재테크통계학에 있어서 분산(모집단)의 분석

　국가적인 시스템에서 금리인상의 경우 과다한 부채의 사람들에게는 부담요인이 되고 이는 자산가들과 소득분배에 있어서 차별적인 요소로서 작용한다고 시장참여자들 중에 주장하는 측면이 있다. 따라서 이자소득에 대하여 이자소득이 높은 사람들이 과도한 부담을 지는 것이 당연하다고 이들은 주장하고 있는 것이다. 즉 파레토 효율성(efficiency)의 제고를 위해서는 이자에 대한 소득세에 있어서 고소득자에 대한 중과 방침이 옳다는 것이 이들 시장참여자의 주장인 것이다.

그림 7-1 금리인상의 경우 경제적인 파급효과의 체계도

금리인상의 경우

↓

과다한 부채의 사람들에게는 부담요인

↓

자산가들과 소득분배에 있어서 차별적인 요소로서
작용한다고 시장참여자들 중에 주장하는 측면

그림 7-2   이자에 대한 소득세와 파레토 효율성

이자소득에 대하여 이자소득이 높은 사람들이
과도한 부담을 지는 것이 당연하다고 이들은 주장

↓

파레토 효율성(efficiency)의 제고를 위해서는 이자에 대한 소득세에 있어
서 고소득자에 대한 중과 방침이 옳다는 것이 이들 시장참여자의 주장

표 7-1   금리인상 및 이자에 대한 소득세와 파레토 효율성

정 의	구 성
금리인상 및 이자에 대한 소득세와 파레토 효율성	국가적인 시스템에서 금리인상의 경우 과다한 부채의 사람들에게는 부담요인이 되고 이는 자산가들과 소득분배에 있어서 차별적인 요소로서 작용한다고 시장참여자들 중에 주장하는 측면이 있다. 따라서 이자소득에 대하여 이자소득이 높은 사람들이 과도한 부담을 지는 것이 당연하다고 이들은 주장하고 있는 것이다. 즉 파레토 효율성(efficiency)의 제고를 위해서는 이자에 대한 소득세에 있어서 고소득자에 대한 중과 방침이 옳다는 것이 이들 시장참여자의 주장인 것이다.

암호화폐의 경우 2018년 이후 침체국면을 거치면서 블록체인(blockchain) 사업들에서 사용자들과 기술력이 탄탄한 업체들이 더욱 강화된 측면이 있다. 이는 향후 4차 산업혁명의 블록체인 기술 분야에 있어서 주도적인 역할을 해 나갈 것으로 판단된다. 이와 같이 금융 분야에 있어서도 주식 이외에 파생상품을 비롯하여 암호화

폐와 같은 다양한 투자처가 이루어지고 발전을 거듭해 나가고 있는 것이다.

| 표 7-2 | 암호화폐와 블록체인 및 경기상황 |

정 의	구 성
암호화폐와 블록체인 및 경기상황	암호화폐의 경우 2018년 이후 침체국면을 거치면서 블록체인(blockchain) 사업들에서 사용자들과 기술력이 탄탄한 업체들이 더욱 강화된 측면이 있다. 이는 향후 4차 산업혁명의 블록체인 기술 분야에 있어서 주도적인 역할을 해 나갈 것으로 판단된다. 이와 같이 금융 분야에 있어서도 주식 이외에 파생상품을 비롯하여 암호화폐와 같은 다양한 투자처가 이루어지고 발전을 거듭해 나가고 있는 것이다.

| 그림 7-3 | 암호화폐와 블록체인 및 경기 |

암호화폐의 경우

↓

2018년 이후 침체국면을 거치면서 블록체인(blockchain) 사업들에서
사용자들과 기술력이 탄탄한 업체들이 더욱 강화된 측면

↓

향후 4차 산업혁명의 블록체인 기술 분야에 있어서
주도적인 역할을 해 나갈 것으로 판단

↓

금융 분야에 있어서도 주식 이외에 파생상품을 비롯하여
암호화폐와 같은 다양한 투자처가 이루어지고 발전을 거듭 해 나가고 있음

미국의 경우 주식시장은 가치투자가 여전히 매력적인 시장으로 평가받고 있다. 이는 미국의 금리정책이 증시환경에 있어서 우호적인 측면도 물론 있는 상황이다. 그리고 2019년의 미국 기초경제가 안정적인 흐름을 이어가고 있다. 미국의 경우에 있어서 가치적인 투자가 가능하였던 것도 증시에 매우 우호적인 금융정책의 반영이 있다는 점도 생각해 볼 가치가 있다고 시장참여자들은 지적하고 있다.

| 표 7-3 | 미국의 주식시장과 금리, 경제상황 |

정 의	구 성
미국의 주식시장과 금리, 경제상황	미국의 경우 주식시장은 가치투자가 여전히 매력적인 시장으로 평가받고 있다. 이는 미국의 금리정책이 증시환경에 있어서 우호적인 측면도 물론 있는 상황이다. 그리고 2019년의 미국 기초경제가 안정적인 흐름을 이어가고 있다.

이는 한국시장에서 지난 시점들에 있어서 투자에 있어서 어려움 중에서는 가치적인 장기투자를 할 경우 생각해 보았어야 한다고 지적하는 측면이 있었던 것이다.

| 그림 7-4 | 미국의 주식시장과 금리, 경제상황 |

미국의 경우

↓

주식시장은 가치투자가 여전히 매력적인 시장으로 평가 받고 있음

↓

미국의 금리정책이 증시환경에 있어서 우호적인 측면도 물론 있는 상황

↓

2019년의 미국 기초경제가 안정적인 흐름

미국 경제가 선순환 구조를 이루다 보니 고용지표의 호조세에 힘입어 2019년 4월에 가계 부문의 소비 형편도 나쁘지 않은 것으로 판단된다. 이는 불황의 가능성을 줄이는 긍정적인 지표로서 작용하고 있다.

| 표 7-4 | 미국 경제의 선순환 구조와 호황 및 고용지표 |

정 의	구 성
미국 경제의 선순환 구조와 호황 및 고용지표	미국 경제가 선순환 구조를 이루다 보니 고용지표의 호조세에 힘입어 2019년 4월에 가계 부문의 소비 형편도 나쁘지 않은 것으로 판단된다. 이는 불황의 가능성을 줄이는 긍정적인 지표로서 작용하고 있다.

그림 7-5　미국 경제의 선순환 구조와 호황 및 고용지표

미국 경제가 선순환 구조를 이루다 보니 고용지표의 호조에 힘입어
2019년 4월에 가계부문의 소비 형편도 나쁘지 않은 것으로 판단

↓

불황의 가능성을 줄이는 긍정적인 지표로서 작용

<그림 7-6>에는 한국 기관투자자(매도) 거래량(2017년 4월~2019년 3월, 월간, 천주 단위)과 한국 기관투자자(매도) 거래대금(2017년 4월~2019년 3월, 월간, 백만원 단위) 동향이 표기되어 나타나 있다. 이 자료는 한국은행(Bank of Korea)에서 제공하는 경제통계와 관련된 시스템(인터넷 홈페이지)을 통하여 입수한 것이다.

분석기간 중의 한국 기관투자자(매도) 거래량과 한국 기관투자자(매도) 거래대금을 살펴보면, 각각 2019년 1월과 2018년 1월에 각각 최대의 값(maximum)을 형성하였다. 그리고 최저점은 각각 2017년 10월과 2017년 4월이 최소의 값(minimum)을 보였다. 또한 각각의 평균값(average or mean)은 560,258.542천주와 25,991,453.458 백만 원을 나타냈다.

그림 7-6　한국 기관투자자(매도) 거래량(2017년 4월~2019년 3월, 월간, 천주 단위)
과 한국 기관투자자(매도) 거래대금(2017년 4월~2019년 3월, 월간, 백만
원 단위) 동향

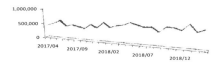

한국 기관투자자(매도) 거래량

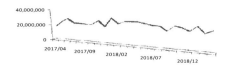

한국 기관투자자(매도) 거래대금

한편 각각의 표준편차(standard deviation) 값은 94,043.967과 3,658,456.076이었다. 이와 같은 표준편차는 분산의 제곱근에 해당한다. 그리고 표준편차는 엑셀에서 값을 구할 때에는 분산 값에 대하여 =SQRT(임의의 숫자)와 같은 형식으로 하여계산할 수 있다. 여기서 분산 값은 각각 8,844,267,689.042와 13,384,300,862,231.4에 해당한다. 그리고 분산 값의 계산식은 엑셀에서 A1부터 A10까지의 숫자일 경우 =VAR(A1 : A10)으로 구하면 된다.

평균 값과 유사한 최빈치(mode)와 중앙 값(median)이 있는데, 최빈치는 자주 나타나는 빈도(frequency)에 해당하고 중앙 값은 중앙의 값을 의미한다. 여기서 중앙 값은 홀수의 숫자가 집합이면 가운데 그리고 짝수의 경우에는 중간의 값을 중심으로 한 두 변수의 평균으로 구하면 된다.

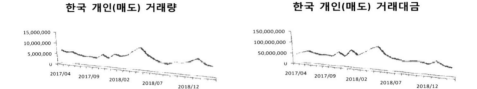

그림 7-7　한국 개인(매도) 거래량(2017년 4월~2019년 3월, 월간, 천주 단위)과 한국 개인(매도) 거래대금(2017년 4월~2019년 3월, 월간, 백만원 단위) 동향

<그림 7-7>에는 한국 개인(매도) 거래량(2017년 4월~2019년 3월, 월간, 천주 단위)과 한국 개인(매도) 거래대금(2017년 4월~2019년 3월, 월간, 백만원 단위) 동향이 표기되어 나타나 있다. 이 자료는 한국은행(Bank of Korea)에서 제공하는 경제통계와 관련된 시스템(인터넷 홈페이지)을 통하여 입수한 것이다.

분석기간 중의 한국 개인(매도) 거래량과 한국 개인(매도) 거래대금을 살펴보면, 모두 2018년 5월에 최대의 값(maximum)을 형성하였다. 그리고 한국 개인(매도) 거래량의 경우 기관투자자(매도)와 같은 시점으로 최저점은 2017년 10월이었으며, 한국 개인(매도) 거래대금의 경우 2019년 3월이 최소의 값(minimum)을 보였다. 또한 각각의 평균 값(average or mean)은 5,845,362.083천주와 59,905,517.708 백만 원을 나타냈다.

한편 각각의 표준편차(standard deviation) 값은 1,505,893.227과 15,890,343.415이었다. 그리고 분산 값은 각각 2,267,714,410,180.52와 252,503,013,858,506에 해당한다.

<그림 7-8>에는 한국 외국인(매도) 거래량(2017년 4월~2019년 3월, 월간, 천주 단위)과 한국 외국인(매도) 거래대금(2017년 4월~2019년 3월, 월간, 백만원 단위) 동향이 표기되어 나타나 있다. 이 자료는 한국은행(Bank of Korea)에서 제공하는 경제통계와 관련된 시스템(인터넷 홈페이지)을 통하여 입수한 것이다.

그림 7-8 한국 외국인(매도) 거래량(2017년 4월~2019년 3월, 월간, 천주 단위)과
한국 외국인(매도) 거래대금(2017년 4월~2019년 3월, 월간, 백만원 단위)
동향

한국 외국인(매도) 거래량

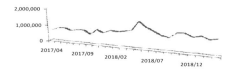

한국 외국인(매도) 거래대금

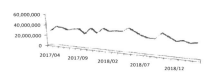

분석기간 중의 한국 외국인(매도) 거래량과 한국 외국인(매도) 거래대금을 살펴
보면, 모두 2018년 5월에 최대의 값(maximum)을 형성하였다. 그리고 최저점은
한국 외국인(매도) 거래량의 경우 기관투자자(매도) 및 개인(매도)와 같은 시점으
로 2017년 10월이었으며, 한국 외국인(매도) 거래대금의 경우 2019년 2월이 최소
의 값(minimum)을 보였다. 또한 각각의 평균 값(average or mean)은 937,847.125천
주와 34,493,269.417백만 원을 나타냈다.

한편 각각의 표준편차(standard deviation) 값은 203,159.675와 4,771,211.352이
었다. 이와 같은 표준편차는 분산의 제곱근에 해당한다. 그리고 분산 값은 각각
41,273,853,688.636과 22,764,457,768,294.8에 해당한다.

그리고 분산(Variance)에 있어서 모집단(population)의 경우에는 다음과 같다.

$$\frac{\sum_{k=1}^{M}(Y_k - P)^2}{M}$$

표 7-5 재테크통계학에 있어서 분산(모집단)

정 의	구 성
재테크통계학에 있어서 분산(모집단)	분산(Variance)에 있어서 모집단(population)의 경우에는 다음과 같다. $$\frac{\sum_{k=1}^{M}(Y_k - P)^2}{M}$$

제2절 | 재테크통계학에 있어서 분산(표본)의 분석

　　미국을 중심으로 살펴보면, 현재의 세계 경제 및 금융의 상황은 네 가지의 주목
할 요인이 있다. 첫째, 미국의 금리정책과 관련된 것이다. 미국의 금리인상에 따른
한국의 금리인상은 한국에 있어서는 민간부채에 부담요인이 될 수밖에 없다.

　　그림 7-9　미국의 정책들에 따른 세계 경제 및 금융의 상황은 네 가지의 주목할 요인

미국을 중심

↓

현재의 세계 경제 및 금융의 상황은 네 가지의 주목할 요인

↓

첫째, 미국의 금리정책과 관련된 것

↓

미국의 금리인상에 따른 한국의 금리인상
은 한국에 있어서는 민간부채에 부담요인

　　둘째, 미국의 보호무역주의와 관련된 것이며, 셋째, 미국과 중국의 무역에 있어
서의 협상과 관련된 측면이다. 이는 세계 무역시장에 있어서 축소 또는 확대와 연결
되어 있어서 한국과 같이 수출지향적인 국가에게는 민감한 문제일 수밖에 없는 것
이다.

　　그림 7-10　미국과 중국의 무역에 있어서의 협상과 관련된 측면

미국의 보호무역주의

↓

미국과 중국의 무역에 있어서의 협상과 관련된 측면

↓

세계 무역시장에 있어서 축소 또는 확대와 연결되어 있어서
한국과 같이 수출지향적인 국가에게는 민감한 문제일 수밖에 없는 것

그림 7-11 2020년 이후 미국의 경기변동(business cycle)

2020년 이후 경기변동(business cycle)

↓

미국이 호황에서 불황으로 진입할 수 있다는
시장전문가들의 일치된 의견이 있는 점

↓

한국의 경우 미국에 대한 수출 의존도가 높은 상황에서
이는 부정적인 영향을 받을 수 있기 때문

넷째, 2020년 이후 경기변동(business cycle) 상에 있어서 미국이 호황에서 불황으로 진입할 수 있다는 시장전문가들의 일치된 의견이 있는 점이다. 한국의 경우 미국에 대한 수출 의존도가 높은 상황에서 이는 부정적인 영향을 받을 수 있기 때문이다.

그림 7-12 주식의 포트폴리오(portfolio) 구성

증시

↓

때로는 긍정적인 영향을 주기도 하고
때로는 부정적인 영향을 주기도 할 것으로 판단

↓

미국의 경기 호황이 기술주 위주로 이루어졌다면
경기의 하강국면에 진입한다면 경기에 덜 민감한 주식으로
포트폴리오(portfolio)를 구성할지도 생각해 보아야 하는 측면

이와 같은 점들은 증시에 있어서 때로는 긍정적인 영향을 주기도 하고 때로는 부정적인 영향을 주기도 할 것으로 판단된다. 미국의 경기 호황이 기술주 위주로 이루어졌다면 경기의 하강국면에 진입한다면 경기에 덜 민감한 주식으로 포트폴리오(portfolio)를 구성할지도 생각해 보아야 하는 측면이다.

그리고 증시에 있어서 저평가되어 있는 주식과 주가수익비율이 낮은 주식과 같

은 매력적인 주식을 적극적으로 발굴해야 할 시점으로 판단된다. 특히 미국 기초경제(fundamentals)의 양호한 흐름과 나스닥지수 및 S&P500지수의 좋은 흐름 등을 통하여 미국 경제 및 미국의 주식시장의 흐름이 2020년 이후에도 지속될 수 있을지와 관련하여 시장전문가들은 지켜보고 있는 상황이다.

그림 7-13   양호한 미국 증시와 경제

증시

↓

저평가되어 있는 주식과 주가수익비율이 낮은 주식과 같은
매력적인 주식을 적극적으로 발굴해야 할 시점으로 판단

↓

미국 기초경제(fundamentals)의 양호한 흐름과
나스닥지수 및 S&P500지수의 좋은 흐름 등을 통하여
미국경제 및 미국의 주식시장의 흐름이
2020년 이후에도 지속될 수 있을 지와 관련하여
시장전문가들은 지켜보고 있는 상황

표 7-6   미국의 경제정책과 세계 경제에 대한 영향

정 의	구 성
미국의 경제정책과 세계 경제에 대한 영향	미국을 중심으로 살펴보면, 현재의 세계 경제 및 금융의 상황은 네 가지의 주목할 요인이 있다. 첫째, 미국의 금리정책과 관련된 것이다. 미국의 금리인상에 따른 한국의 금리인상은 한국에 있어서는 민간부채에 부담요인이 될 수밖에 없다.
	둘째, 미국의 보호무역주의와 관련된 것이며, 셋째, 미국과 중국의 무역에 있어서의 협상과 관련된 측면이다. 이는 세계 무역시장에 있어서 축소 또는 확대와 연결되어 있어서 한국과 같이 수출지향적인 국가에게는 민감한 문제일 수밖에 없는 것이다.
	넷째, 2020년 이후 경기변동(business cycle) 상에 있어서 미국이 호황에서 불황으로 진입할 수 있다는 시장전문가들의 일치된 의견이 있는 점이다. 한국의 경우 미국에 대한 수출 의존도가 높은 상황에서 이는 부정적인 영향을 받을 수 있기 때문이다.
	이와 같은 점들은 증시에 있어서 때로는 긍정적인 영향을 주기도 하고 때로는 부정적인 영향을 주기도 할 것으로 판단된다. 미국의 경기 호

황이 기술주 위주로 이루어졌다면 경기의 하강국면에 진입한다면 경기에 덜 민감한 주식으로 포트폴리오(portfolio)를 구성할지도 생각해 보아야 하는 측면이다.

그리고 증시에 있어서 저평가되어 있는 주식과 주가수익비율이 낮은 주식과 같은 매력적인 주식을 적극적으로 발굴해야 할 시점으로 판단된다. 특히 미국 기초경제(fundamentals)의 양호한 흐름과 나스닥지수 및 S&P500지수의 좋은 흐름 등을 통하여 미국 경제 및 미국의 주식시장의 흐름이 2020년 이후에도 지속될 수 있을지와 관련하여 시장 전문가들은 지켜보고 있는 상황이다.

이와 같은 어떠한 상품들에 있어서의 변수들의 상관관계를 파악하면 전체적인 전개과정을 예상할 수 있다. 이에는 산포도와 같은 측면이 있다. 이는 평균을 중심으로 얼마나 퍼져있는지와 관련된 것으로 살펴보고 있는 분산과 표준편차를 통하여서도 알 수 있다.

그리고 칼피어슨의 상관에 대한 계수와 스피어만의 계급 상관의 계수, 최소자승의 방법 등이 있다. 즉 직접적으로는 회귀방정식을 통한 민감도(sensitivity) 분석과 상관관계의 계수를 통하여 알아볼 수 있는 것이다.

그림 7-14 상관관계 파악의 중요성

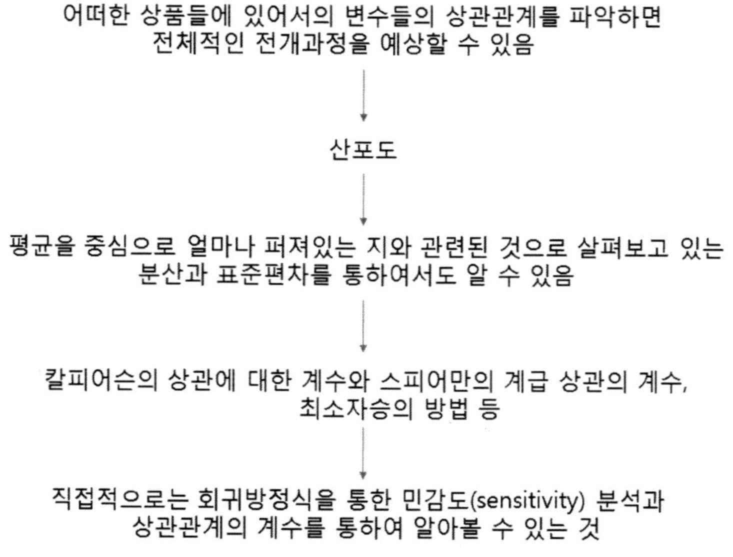

어떠한 상품들에 있어서의 변수들의 상관관계를 파악하면
전체적인 전개과정을 예상할 수 있음

↓

산포도

↓

평균을 중심으로 얼마나 퍼져있는 지와 관련된 것으로 살펴보고 있는
분산과 표준편차를 통하여서도 알 수 있음

↓

칼피어슨의 상관에 대한 계수와 스피어만의 계급 상관의 계수,
최소자승의 방법 등

↓

직접적으로는 회귀방정식을 통한 민감도(sensitivity) 분석과
상관관계의 계수를 통하여 알아볼 수 있는 것

이와 같이 상관관계를 파악하는 것이 중요한데, 보다 정교한 모형으로의 분석을 위해서는 모형을 구성하여 진행해 볼 수 있다. 이는 금융뿐만 아니라 다양한 분야의 변수들에게 있어서도 적용이 가능한 것이다.

상품별로 원인과 결과의 관계가 불분명한 경우에 있어서는 독립적인 영향에 의하여 상관관계가 없을 수도 있으며, 원인과 결과의 관계가 분명한 경우에 있어서는 상관관계가 높게 나타날 수도 있다.

표 7-7 재테크통계학에 있어서 상관관계 파악의 중요성

정 의	구 성
재테크통계학에 있어서 상관관계 파악의 중요성	어떠한 상품들에 있어서의 변수들의 상관관계를 파악하면 전체적인 전개 과정을 예상할 수 있다. 이에는 산포도와 같은 측면이 있다. 이는 평균을 중심으로 얼마나 퍼져있는지와 관련된 것으로 살펴보고 있는 분산과 표준편차를 통하여서도 알 수 있다. 그리고 칼피어슨의 상관에 대한 계수와 스피어만의 계급 상관의 계수, 최소자승의 방법 등이 있다. 즉 직접적으로는 회귀방정식을 통한 민감도 (sensitivity) 분석과 상관관계의 계수를 통하여 알아볼 수 있는 것이다. 이와 같이 상관관계를 파악하는 것이 중요한데, 보다 정교한 모형으로의 분석을 위해서는 모형을 구성하여 진행해 볼 수 있다. 이는 금융뿐만 아니라 다양한 분야의 변수들에게 있어서도 적용이 가능한 것이다. 상품별로 원인과 결과의 관계가 불분명한 경우에 있어서는 독립적인 영향에 의하여 상관관계가 없을 수도 있으며, 원인과 결과의 관계가 분명한 경우에 있어서는 상관관계가 높게 나타날 수도 있다.

그림 7-15 한국 기타외국인(매도) 거래량(2017년 4월~2019년 3월, 월간, 천주 단위) 과 한국 기타외국인(매도) 거래대금(2017년 4월~2019년 3월, 월간, 백만 원 단위) 동향

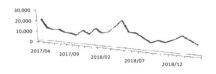

한국 기타외국인(매도) 거래량

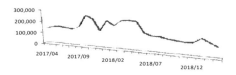

한국 기타외국인(매도) 거래대금

<그림 7-15>에는 한국 기타외국인(매도) 거래량(2017년 4월~2019년 3월, 월간, 천주 단위)과 한국 기타외국인(매도) 거래대금(2017년 4월~2019년 3월, 월간, 백만원 단위)

제4편 재테크통계학에 있어서 집합과 확률 및 분산 효과

동향이 표기되어 나타나 있다. 이 자료는 한국은행(Bank of Korea)에서 제공하는 경제통계와 관련된 시스템(인터넷 홈페이지)을 통하여 입수한 것이다.

분석기간 중의 한국 기타외국인(매도) 거래량과 한국 기타외국인(매도) 거래대금을 살펴보면, 한국 기타외국인(매도) 거래량의 경우에 있어서 한국 외국인(매도) 거래량과 한국 외국인(매도) 거래대금에서와 같이 2018년 5월에 최대의 값(maximum)을 형성하였다. 그리고 최저점은 2018년 9월이었다.

그리고 한국 기타외국인(매도) 거래대금의 경우 최대의 값은 한국 외국인(매도) 거래량의 경우 기관투자자(매도) 및 개인(매도)와 같은 시점으로 2017년 10월이었다. 또한 이 변수는 2019년 2월에 최소의 값(minimum)을 보였다. 각각의 평균값(average or mean)은 13,069.625천주와 165,600.375백만 원을 나타냈다. 한편 각각의 표준편차(standard deviation) 값은 4,060.767과 53,178.539이었다. 그리고 분산 값은 각각 16,489,828.766과 2,827,956,985.027에 해당한다.

한편 표본(sample)의 구성에 있어서 분산의 값은 다음과 같다.

$$Sample^2 = \frac{\sum_{k=1}^{m}(Y_i - \overline{Y})^2}{m-1}$$

여기서 m−1은 자유도라고 하며, degree of freedom이다. 이와 같이 분모의 값에 있어서는 모집단의 경우와 차이점이 존재하고 있음을 알 수 있다.

표 7-8   재테크통계학에 있어서 분산에 있어서 표본의 적용

정 의	구 성
재테크통계학에 있어서 분산에 있어서 표본의 적용	표본(sample)의 구성에 있어서 분산의 값은 다음과 같다. $$Sample^2 = \frac{\sum_{k=1}^{m}(Y_i - \overline{Y})^2}{m-1}$$ 여기서 m−1은 자유도라고 하며, degree of freedom이다. 이와 같이 분모의 값에 있어서는 모집단의 경우와 차이점이 존재하고 있음을 알 수 있다.

연습 문제

01 금리인상 및 이자에 대한 소득세와 파레토 효율성에 대하여 설명하시오.

❚ 정답 ❚

정 의	구 성
금리인상 및 이자에 대한 소득세와 파레토 효율성	국가적인 시스템에서 금리인상의 경우 과다한 부채의 사람들에게는 부담요인이 되고 이는 자산가들과 소득분배에 있어서 차별적인 요소로서 작용한다고 시장참여자들 중에 주장하는 측면이 있다. 따라서 이자소득에 대하여 이자소득이 높은 사람들이 과도한 부담을 지는 것이 당연하다고 이들은 주장하고 있는 것이다. 즉 파레토 효율성(efficiency)의 제고를 위해서는 이자에 대한 소득세에 있어서 고소득자에 대한 중과 방침이 옳다는 것이 이들 시장참여자의 주장인 것이다.

02 암호화폐와 블록체인 및 경기상황에 대하여 설명하시오.

❚ 정답 ❚

정 의	구 성
암호화폐와 블록체인 및 경기상황	암호화폐의 경우 2018년 이후 침체국면을 거치면서 블록체인(blockchain) 사업들에서 사용자들과 기술력이 탄탄한 업체들이 더욱 강화된 측면이 있다. 이는 향후 4차 산업혁명의 블록체인 기술 분야에 있어서 주도적인 역할을 해 나갈 것으로 판단된다. 이와 같이 금융 분야에 있어서도 주식 이외에 파생상품을 비롯하여 암호화폐와 같은 다양한 투자처가 이루어지고 발전을 거듭해 나가고 있는 것이다.

03 미국의 주식시장과 금리, 경제상황에 대하여 설명하시오.

❚ 정답 ❚

정 의	구 성
미국의 주식시장과 금리, 경제상황	미국의 경우 주식시장은 가치투자가 여전히 매력적인 시장으로 평가받고 있다. 이는 미국의 금리정책이 증시환경에 있어서 우호적인 측면도 물론 있는 상황이다. 그리고 2019년의 미국 기초경제가 안정적인 흐름을 이어가고 있다.

04 미국 경제의 선순환 구조와 호황 및 고용지표에 대하여 설명하시오.

▮ 정답 ▮

미국 경제가 선순환 구조를 이루다 보니 고용지표의 호조세에 힘입어 2019년 4월에 가계 부문의 소비 형편도 나쁘지 않은 것으로 판단된다. 이는 불황의 가능성을 줄이는 긍정적 인 지표로서 작용하고 있다.

05 재테크통계학에 있어서 분산(모집단)에 대하여 설명하시오.

▮ 정답 ▮

정 의	구 성
재테크통계학에 있어서 분산(모집단)	분산(Variance)에 있어서 모집단(population)의 경우에는 다음과 같다. $$\frac{\sum_{k=1}^{M}(Y_k - P)^2}{M}$$

06 미국의 경제정책과 세계 경제에 대한 영향에 대하여 설명하시오.

▮ 정답 ▮

미국을 중심으로 살펴보면, 현재의 세계 경제 및 금융의 상황은 네 가지의 주목할 요인이 있다. 첫째, 미국의 금리정책과 관련된 것이다. 미국의 금리인상에 따른 한국의 금리인상 은 한국에 있어서는 민간부채에 부담요인이 될 수밖에 없다.

둘째, 미국의 보호무역주의와 관련된 것이며, 셋째, 미국과 중국의 무역에 있어서의 협상 과 관련된 측면이다. 이는 세계 무역시장에 있어서 축소 또는 확대와 연결되어 있어서 한국과 같이 수출지향적인 국가에게는 민감한 문제일 수밖에 없는 것이다.

넷째, 2020년 이후 경기변동(business cycle) 상에 있어서 미국이 호황에서 불황으로 진 입할 수 있다는 시장전문가들의 일치된 의견이 있는 점이다. 한국의 경우 미국에 대한 수출 의존도가 높은 상황에서 이는 부정적인 영향을 받을 수 있기 때문이다.

이와 같은 점들은 증시에 있어서 때로는 긍정적인 영향을 주기도 하고 때로는 부정적인 영향을 주기도 할 것으로 판단된다. 미국의 경기 호황이 기술주 위주로 이루어졌다면 경 기의 하강국면에 진입한다면 경기에 덜 민감한 주식으로 포트폴리오(portfolio)를 구성할 지도 생각해 보아야 하는 측면이다.

그리고 증시에 있어서 저평가되어 있는 주식과 주가수익비율이 낮은 주식과 같은 매력적 인 주식을 적극적으로 발굴해야 할 시점으로 판단된다. 특히 미국 기초경제(fundamentals) 의 양호한 흐름과 나스닥지수 및 S&P500지수의 좋은 흐름 등을 통하여 미국 경제 및 미 국의 주식시장의 흐름이 2020년 이후에도 지속될 수 있을지와 관련하여 시장전문가들은 지켜보고 있는 상황이다.

07 재테크통계학에 있어서 상관관계 파악의 중요성에 대하여 설명하시오.

▮ 정답 ▮

어떠한 상품들에 있어서의 변수들의 상관관계를 파악하면 전체적인 전개과정을 예상할 수 있다. 이에는 산포도와 같은 측면이 있다. 이는 평균을 중심으로 얼마나 퍼져있는지와 관련된 것으로 살펴보고 있는 분산과 표준편차를 통하여서도 알 수 있다.

그리고 칼피어슨의 상관에 대한 계수와 스피어만의 계급 상관의 계수, 최소자승의 방법 등이 있다. 즉 직접적으로는 회귀방정식을 통한 민감도(sensitivity) 분석과 상관관계의 계수를 통하여 알아볼 수 있는 것이다.

이와 같이 상관관계를 파악하는 것이 중요한데, 보다 정교한 모형으로의 분석을 위해서는 모형을 구성하여 진행해 볼 수 있다. 이는 금융뿐만 아니라 다양한 분야의 변수들에게 있어서도 적용이 가능한 것이다.

상품별로 원인과 결과의 관계가 불분명한 경우에 있어서는 독립적인 영향에 의하여 상관관계가 없을 수도 있으며, 원인과 결과의 관계가 분명한 경우에 있어서는 상관관계가 높게 나타날 수도 있다.

08 재테크통계학에 있어서 분산에 있어서 표본의 적용에 대하여 설명하시오.

▮ 정답 ▮

정 의	구 성
재테크통계학에 있어서 분산에 있어서 표본의 적용	표본(sample)의 구성에 있어서 분산의 값은 다음과 같다. $$Sample^2 = \frac{\sum_{k=1}^{m}(Y_i - \overline{Y})^2}{m-1}$$ 여기서 m−1은 자유도라고 하며, degree of freedom이다. 이와 같이 분모의 값에 있어서는 모집단의 경우와 차이점이 존재하고 있음을 알 수 있다.

재테크통계학에 있어서 집합과 확률 및 분산 분석

Chapter
08

제1절 │ 재테크통계학에 있어서 집합과 확률 개념과 분석

그림 8-1 한국 기타법인(매도) 거래량(2017년 4월~2019년 3월, 월간, 천주 단위)
과 한국 기타법인(매도) 거래대금(2017년 4월~2019년 3월, 월간, 백만원
단위) 동향

한국 기타법인(매도) 거래량

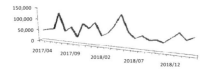

한국 기타법인(매도) 거래대금

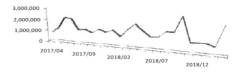

＜그림 8-1＞에는 한국 기타법인(매도) 거래량(2017년 4월∼2019년 3월, 월간, 천주 단위)과 한국 기타법인(매도) 거래대금(2017년 4월∼2019년 3월, 월간, 백만원 단위) 동향이 표기되어 나타나 있다. 이 자료는 한국은행(Bank of Korea)에서 제공하는 경제통계와 관련된 시스템(인터넷 홈페이지)을 통하여 입수한 것이다.

　　분석기간 중의 한국 기타법인(매도) 거래량과 한국 기타법인(매도) 거래대금을 살펴보면, 한국 기타법인(매도) 거래량은 2018년 5월에 최대의 값(maximum)을 형성하였다. 그리고 최저점은 한국 기타외국인(매도) 거래대금의 경우에서와 같이 2017년 10월이었다.

　　한국 기타법인(매도) 거래대금의 경우 2018년 10월이 최대의 값을 보였으며, 2019년 2월이 최소의 값(minimum)을 보였다. 또한 각각의 평균 값(average or mean)은 68,828.875천주와 1,393,113.208백만 원을 나타냈다.

　　한편 각각의 표준편차(standard deviation) 값은 27,529.296과 576,628.420이었다. 그리고 분산 값은 각각 757,862,142.201과 332,500,334,431.39에 해당한다.

표 8-1　미국의 경제상황과 세계적인 자본 이동 및 캐리 트레이드의 관계

정 의	구 성
미국의 경제상황과 세계적인 자본 이동 및 캐리 트레이드의 관계	재정거래인 arbitrage의 현상이 요즘에도 일어날 수 있는가? 이와 관련하여 시장전문가들은 주시하고 있다. 하지만 재정거래가 현재에는 일어나기 쉽지 않은 상황으로 자본자유화가 매우 빠르게 광범위한 국가들에 대부분 진행되어 있다. 한편 국가들 간의 금리 차이에 따른 자본의 급격한 이동은 가능한가? 이는 가능성이 높을 수도 있다고 시장전문가들은 판단하고 있다. 한국의 경우에도 마찬가지이고, 미국을 중심으로 한 금리 수준과 유럽 및 일본 등 선진국 간에 있어서도 금리 차이와 캐리 트레이드와 관련된 논의와 현상은 진행되고 있거나 진행될 수도 있는 것이다. 따라서 미국의 소비 수준과 실업률과 같은 데이터는 세계시장에 있어서 매우 중요한 변수가 되고 있다. 예를 들어, 인플레이션의 현상이 발생할 경우 미국의 중앙은행인 Fed가 금리인상에 대하여 논의를 해 나가기 시작할 것으로 판단되고 있기 때문이다. 따라서 미국의 거시경제변수의 현재의 상태가 매우 중요한 변수인 것이다. 이에 따라 미국의 목표치인 물가수준이 현재 가장 중요한 변수가 될 수도 있는 것이다.

　　재정거래인 arbitrage의 현상이 요즘에도 일어날 수 있는가? 이와 관련하여 시장전문가들은 주시하고 있다. 하지만 재정거래가 현재에는 일어나기 쉽지 않은 상

황으로 자본자유화가 매우 빠르게 광범위한 국가들에 대부분 진행되어 있다.

그림 8-2 재정거래와 세계시장에 있어서의 자본자유화

재정거래인 arbitrage의 현상

↓

재정거래가 현재에는 일어나기 쉽지 않은 상황으로
자본자유화가 매우 빠르게 광범위한 국가들에 대부분 진행

한편 국가들 간의 금리 차이에 따른 자본의 급격한 이동은 가능한가? 이는 가능성이 높을 수도 있다고 시장전문가들은 판단하고 있다. 한국의 경우에도 마찬가지이고, 미국을 중심으로 한 금리 수준과 유럽 및 일본 등 선진국 간에 있어서도 금리차이와 캐리 트레이드와 관련된 논의와 현상은 진행되고 있거나 진행될 수도 있는 것이다.[3]

그림 8-3 세계적인 금리 차이와 캐리 트레이드

국가들 간의 금리 차이에 따른 자본의 급격한 이동

↓

가능성이 높을 수도 있다고 시장전문가들은 판단

↓

한국의 경우에도 마찬가지이고, 미국을 중심으로 한 금리수준과
유럽 및 일본 등 선진국 간에 있어서도 금리 차이와 캐리 트레이드와
관련된 논의와 현상은 진행되고 있거나 진행될 수도 있는 것

따라서 미국의 소비 수준과 실업률과 같은 데이터는 세계시장에 있어서 매우 중요한 변수가 되고 있다. 예를 들어, 인플레이션의 현상이 발생할 경우 미국의 중앙은행인 Fed가 금리인상에 대하여 논의를 해 나가기 시작할 것으로 판단되고 있기

---

3) Steven, S.(1996), Rational Expectations, New York: Cambridge University, pp. 102 – 112.

때문이다. 따라서 미국의 거시경제변수의 현재의 상태가 매우 중요한 변수인 것이다. 이에 따라 미국의 목표치인 물가 수준이 현재 가장 중요한 변수가 될 수도 있는 것이다.

그림 8-4 미국의 소비 수준과 실업률 등의 거시경제변수의 중요성

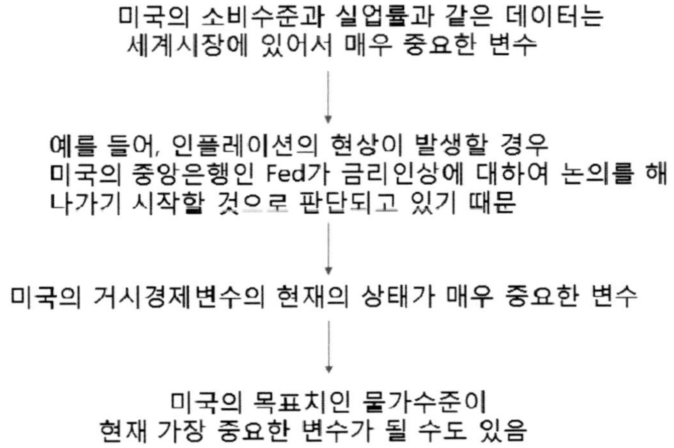

미국의 소비수준과 실업률과 같은 데이터는
세계시장에 있어서 매우 중요한 변수

예를 들어, 인플레이션의 현상이 발생할 경우
미국의 중앙은행인 Fed가 금리인상에 대하여 논의를 해
나가기 시작할 것으로 판단되고 있기 때문

미국의 거시경제변수의 현재의 상태가 매우 중요한 변수

미국의 목표치인 물가수준이
현재 가장 중요한 변수가 될 수도 있음

상관관계의 상관계수는 −1보다 같거나 크고, 1보다 같거나 작은 범위에 놓여 있다고 정의된다. 이와 같은 상관관계는 앞서도 지적한 바와 같이 각종 모든 분야에 다양하게 적용될 수 있는 매우 유용한 통계분석 중에 가장 대표적인 것으로 판단된다. 이는 상관계수로서 알 수 있다.

표 8-2 재테크통계학에 있어서 상관관계와 상관계수

정 의	구 성
재테크통계학에 있어서 상관관계와 상관계수	상관관계의 상관계수는 −1보다 같거나 크고, 1보다 같거나 작은 범위에 놓여 있다고 정의된다. 이와 같은 상관관계는 앞서도 지적한 바와 같이 각종 모든 분야에 다양하게 적용될 수 있는 매우 유용한 통계분석 중에 가장 대표적인 것으로 판단된다. 이는 상관계수로서 알 수 있다.

그림 8-5 상관관계와 상관계수의 중요성

상관관계의 상관계수

↓

-1보다 같거나 크고, 1보다 같거나 작은 범위에 놓여있다고 정의

↓

상관관계는 앞서도 지적한 바와 같이
각종 모든 분야에 다양하게 적용될 수 있는
매우 유용한 통계분석 중에 가장 대표적인 것으로 판단

그림 8-6 한국 매수 거래량(2017년 4월~2019년 3월, 월간, 천주 단위)과 한국 매수
거래대금(2017년 4월~2019년 3월, 월간, 백만원 단위) 동향

한국 매수 거래량

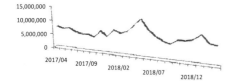

한국 매수 거래대금

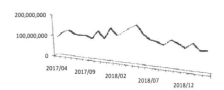

<그림 8-6>에는 한국 매수 거래량(2017년 4월~2019년 3월, 월간, 천주 단위)과 한국 매수 거래대금(2017년 4월~2019년 3월, 월간, 백만원 단위) 동향이 표기되어 나타나 있다. 이 자료는 한국은행(Bank of Korea)에서 제공하는 경제통계와 관련된 시스템(인터넷 홈페이지)을 통하여 입수한 것이다.

분석기간 중의 한국 매수 거래량과 한국 매수 거래대금을 살펴보면, 두 변수 모두 2018년 5월에 최대의 값을 형성하였다. 그리고 최저점은 한국 매수 거래량의 최저점은 한국 기타법인(매도) 거래량과 같이 2017년 10월이었다.

한국 매수 거래대금의 경우 분석기간의 시초인 2017년 4월이 최소의 값을 보였다. 또한 각각의 평균 값(average or mean)은 7,425,366.125천주와 121,948,954.125백만 원을 나타냈다.

한편 각각의 표준편차(standard deviation) 값은 1,747,004.575와 22,965,991.587

이었다. 그리고 분산 값은 각각 3,052,024,986,267.51과 527,436,769,562,927에 해당한다.

그림 8-7 한국 기관투자자(매수) 거래량(2017년 4월~2019년 3월, 월간, 천주 단위)
과 한국 기관투자자(매수) 거래대금(2017년 4월~2019년 3월, 월간, 백만
원 단위) 동향

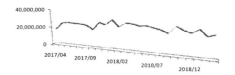

<그림 8-7>에는 한국 기관투자자(매수) 거래량(2017년 4월~2019년 3월, 월간, 천주 단위)과 한국 기관투자자(매수) 거래대금(2017년 4월~2019년 3월, 월간, 백만원 단위) 동향이 표기되어 나타나 있다. 이 자료는 한국은행(Bank of Korea)에서 제공하는 경제통계와 관련된 시스템(인터넷 홈페이지)을 통하여 입수한 것이다.

분석기간 중의 한국 기관투자자(매수) 거래량과 한국 기관투자자(매수) 거래대금을 살펴보면, 한국 기관투자자(매수) 거래량은 2019년 1월이 최대의 값을 형성하였으며, 한국 기관투자자(매수) 거래대금의 경우 2018년 1월이 최대의 값이었다.

그리고 한국 기관투자자(매수) 거래량의 최저점은 한국 매수 거래량의 최저점과 같이 2017년 10월이었다. 한국 기관투자자(매수) 거래대금의 경우 한국 매수 거래대금의 경우에서와 같이 분석기간의 시초인 2017년 4월이 최소의 값을 보였다.

또한 각각의 평균 값(average or mean)은 535,131.083천주와 25,922,136.208백만 원을 나타냈다. 한편 각각의 표준편차(standard deviation) 값은 88,480.796와 3,344,554.553이었다. 그리고 분산 값은 각각 7,828,851,181.732와 11,186,045,154,780.9에 해당한다.

재테크통계학에 있어서 집합과 확률 개념은 다음과 같다. 이와 같은 집합의 중요성은 앞에서 기술한 바와 같으며, 확률의 경우에 있어서도 불확실성(uncertainty)의 관점에서 다양한 분야에서 중요한 것이다.

즉, 합에 의한 집합은 KUL은 집합의 K 혹은 집합의 L이라는 것에 속하여 있는

원소의 전체를 의미한다. 교집합은 K∩L에 있어서 집합의 A 그리고 집합에 있어 B라는 것에 속하여 있는 공통적인 원소를 말한다.

고전적인 확률의 개념에서 P(K)는 사상에 있어서 K와 관련되어 있는 사상에 있어서의 숫자에 대하여 표본공간(sample space)에 속하여 있는 전체의 사상 수를 나눈 값을 의미한다.

조건부 확률이 종속사상의 경우일 경우는 다음과 같다. 조건부 확률이란 어떠한 하나의 특정적인 사상발생에서(혹은 반드시 미래에 발생한다는) 조건부 하에서 타사상의 발생가능성을 알아보는 확률(probability) 값을 의미한다. P(L|K)는 P(K∩L)를 P(K)로 나눈 값, 혹은 P(L|K)은 P(K∩L)를 P(L)로 나눈 값을 의미한다.

표 8-3 재테크통계학에 있어서 집합과 확률 개념

정 의	구 성
재테크통계학에 있어서 집합과 확률 개념	합에 의한 집합은 K∪L은 집합의 K 혹은 집합의 L이라는 것에 속하여 있는 원소의 전체를 의미한다.
	교집합은 K∩L에 있어서 집합의 A 그리고 집합에 있어 B라는 것에 속하여 있는 공통적인 원소를 말한다.
	고전적인 확률의 개념에서 P(K)는 사상에 있어서 K와 관련되어 있는 사상에 있어서의 숫자에 대하여 표본공간(sample space)에 속하여 있는 전체의 사상 수를 나눈 값을 의미한다.
	조건부 확률이 종속사상의 경우일 경우는 다음과 같다. 조건부 확률이란 어떠한 하나의 특정적인 사상발생에서(혹은 반드시 미래에 발생한다는) 조건부 하에서 타 사상의 발생가능성을 알아보는 확률(probability) 값을 의미한다. P(L|K)는 P(K∩L)를 P(K)로 나눈 값, 혹은 P(L|K)은 P(K∩L)를 P(L)로 나눈 값을 의미한다.

제2절 | 재테크통계학에 있어서의 분산(Variance)에 의한 효과

민간의 임금 부문과 소득의 상승이 결국 한국 GDP의 상승을 가져올 수 있고, 이는 다시 고용의 증가와 가계소득의 상승을 가져올 수 있음으로 한국경제의 선순환 구조가 매우 중요하다. 한국 GDP에 대한 구성요소들은 다음과 같다.

GDP(한국) = Consumption + Investment + Government + Export − *Import*

이는 기업들에 있어서 판매량의 제고와 이를 통한 민간 부문에 있어서 고용의 증가현상과 낮은 실업률 수준을 제공해 줄 수 있는 것이다. 이는 국가적인 측면에 있어서도 실업급여 지출의 감소로 인한 정부지출의 감소와 경제활동 인구의 경제사회에 대한 긍정적인 활동량의 증가로 이어지게 된다. 이는 금융에 있어서 뿐만 아니라 실물 부문에 있어서도 소비의 확대로 이어져서 건설경기에도 긍정적인 효과로 이어질 수 있다.

표 8-4   재테크통계학에 있어서 상관관계의 분석

정 의	구 성
재테크통계학에 있어서 상관관계의 분석	상관관계의 분석은 적어도 두(two) 변수 이상의 변수들의 관계를 분석하는데 유용한 결과로서 사용될 수 있다. 이는 통계학의 하나의 도구이며, 상관성이 1과 가까울수록 양(+)의 상관성이 높은 것으로 알 수 있고, −1에 가까울수록 음(−)의 상관성이 높은 것을 의미한다. 그리고 0이면, 둘 사이의 아무런 관계가 없다는 독립성의 관계를 의미한다.

이와 같은 변수들에 있어서 잘 사용되어지는 상관관계의 분석은 적어도 두 (two) 변수 이상의 변수들의 관계를 분석하는데 유용한 결과로서 사용될 수 있다. 이는 통계학의 하나의 도구이며, 상관성이 1과 가까울수록 양(+)의 상관성이 높은 것으로 알 수 있고, −1에 가까울수록 음(−)의 상관성이 높은 것을 의미한다. 그리고 0이면, 둘 사이의 아무런 관계가 없다는 독립성의 관계를 의미한다.

이와 같은 상관관계의 분석은 최근 4차 산업혁명에서도 주목을 받고 있는 암호화폐의 경우에도 미국의 페이스북이 전자상거래의 회사들을 포함하여 금융회사들과 암호화폐에 의한 지출 관련 시스템(system) 구축을 위하여 협의하고 있는 것으로 알려지고 있어 데이터만 축적되면 빅데이터에 의한 분석 등을 통하여 효율적으로 소비자들과의 네크워크 형성을 해 나갈 수 있을 것으로 판단된다.

그림 8-8 재테크통계학에 있어서 상관관계 분석의 체계

상관관계의 분석은 적어도 두(two) 변수 이상의 변수들
의 관계를 분석하는데 유용한 결과로서 사용될 수 있음

↓

통계학의 하나의 도구이며, 상관성이 1과 가까울수록 양(+)의 상관성이
높은 것으로 알 수 있고, -1에 가까울수록 음(-)의 상관성이 높은 것을 의미

↓

0이면, 둘 사이의 아무런 관계가 없다는 독립성의 관계를 의미

표 8-5 상관관계의 분석과 4차 산업혁명 암호화폐

정 의	구 성
상관관계의 분석과 4차 산업혁명 암호화폐	상관관계의 분석은 최근 4차 산업혁명에서도 주목을 받고 있는 암호화폐의 경우에도 미국의 페이스북이 전자상거래의 회사들을 포함하여 금융회사들과 암호화폐에 의한 지출 관련 시스템(system) 구축을 위하여 협의하고 있는 것으로 알려지고 있어 데이터만 축적되면 빅데이터에 의한 분석 등을 통하여 효율적으로 소비자들과의 네크워크 형성을 해 나갈 수 있을 것으로 판단된다.

그림 8-9 상관관계의 분석과 4차 산업혁명 암호화폐 분석

상관관계의 분석

↓

최근 4차 산업혁명에서도 주목을 받고 있는
암호화폐의 경우에도 미국의 페이스북이 전자상거래의 회사들을 포함하여
금융회사들과 암호화폐에 의한 지출관련 시스템(system) 구축을 위하여 협의

↓

데이터만 축적되면 빅데이터에 의한 분석 등을 통하여
효율적으로 소비자들과의 네크워크 형성을 해 나갈 수 있을 것으로 판단

<그림 8-10>에는 한국 개인(매수) 거래량(2017년 4월~2019년 3월, 월간, 천주 단위)과 한국 개인(매수) 거래대금(2017년 4월~2019년 3월, 월간, 백만원 단위) 동향이 표기되어 나타나 있다. 이 자료는 한국은행(Bank of Korea)에서 제공하는 경제통계와

관련된 시스템(인터넷 홈페이지)을 통하여 입수한 것이다.

그림 8-10 한국 개인(매수) 거래량(2017년 4월~2019년 3월, 월간, 천주 단위)과 한국 개인(매수) 거래대금(2017년 4월~2019년 3월, 월간, 백만원 단위) 동향

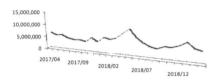

한국 개인(매수) 거래량

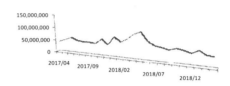

한국 개인(매수) 거래대금

분석기간 중의 한국 개인(매수) 거래량과 한국 개인(매수) 서래내금을 살펴보면, 두 변수 모두 2018년 5월 최대의 값을 형성하였으며, 한국 개인(매수) 거래량의 경우 한국 기관투자자(매수) 거래량의 최저점 및 한국 매수 거래량의 최저점과 같이 2017년 10월이었다. 한국 개인(매수) 거래대금의 경우 2019년 3월이 최소의 값을 보였다.

또한 각각의 평균 값(average or mean)은 5,867,960.042천주와 59,777,880.292 백만 원을 나타냈다. 한편 각각의 표준편차(standard deviation) 값은 1,526,092.095와 16,621,405.270이었다. 그리고 분산 값은 각각 2,328,957,082,352.04와 276,271, 113,142,358에 해당한다.

그림 8-11 한국 외국인(매수) 거래량(2017년 4월~2019년 3월, 월간, 천주 단위)과 한국 외국인(매수) 거래대금(2017년 4월~2019년 3월, 월간, 백만원 단위) 동향

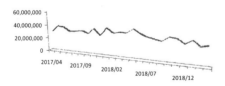

한국 외국인(매수) 거래대금

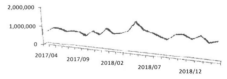

한국 외국인(매수) 거래량

<그림 8-11>에는 한국 외국인(매수) 거래량(2017년 4월~2019년 3월, 월간, 천주 단위)과 한국 외국인(매수) 거래대금(2017년 4월~2019년 3월, 월간, 백만원 단위) 동향이 표기되어 나타나 있다. 이 자료는 한국은행(Bank of Korea)에서 제공하는 경제통계와 관련된 시스템(인터넷 홈페이지)을 통하여 입수한 것이다.

분석기간 중의 한국 외국인(매수) 거래량과 한국 외국인(매수) 거래대금을 살펴보면, 두 변수 모두 2018년 5월 최대의 값을 형성하였으며, 한국 외국인(매수) 거래량의 경우 한국 개인(매수) 거래량 최저점과 한국 기관투자자(매수) 거래량의 최저점 및 한국 매수 거래량의 최저점과 같이 2017년 10월이었다. 한국 외국인(매수) 거래대금의 경우 2019년 2월이 최소의 값을 보였다.

또한 각각의 평균 값(average or mean)은 954,969.042천주와 34,489,031.75백만 원을 나타냈다. 한편 각각의 표준편차(standard deviation) 값은 198,350.567과 4,386,195.007이었다. 그리고 분산 값은 각각 39,342,947,448.650과 19,238,706,641,239.1에 해당한다.

표 8-6 재테크통계학에 있어서의 분산(Variance)에 의한 효과

정 의	구 성
재테크통계학에 있어서의 분산에 의한 효과	Y가 이산변수(discrete variable)일 때는 다음과 같이 식이 구성된다.
	Var(Y)는 즉, σ^2의 값은 $\Sigma[Y - E(Y)]^2 P(Y) = E(Y^2) - [E(Y)]$와 같다.
	그리고 Y가 연속변수(continuous variable)일 때는 Var(Y)는 즉, σ^2의 값은 $\int (Y - \mu)^2 f(Y) dY$와 같이 구성된다. 평균을 중심으로 얼마나 흩어져 있는지와 관련된 산포도인 degree of scatter와 관련되어 있다. 주식의 경우 약세장에서 분산의 값이 커진다는 것은 하락장이 당분간 지속될 수 있다고 시장전문가들은 분석하고 있다.

재테크통계학에 있어서의 분산(Variance)에 의한 분석에서 Y가 이산변수(discrete variable)일 때는 다음과 같이 식이 구성된다. Var(Y) 는 즉, σ^2의 값은 $\Sigma[Y - E(Y)]^2 P(Y) = E(Y^2) - [E(Y)]^2$ 과 같다. 그리고 Y가 연속변수(continuous variable)일 때는 Var(Y)는 즉, σ^2의 값은 $\int (Y - \mu)^2 f(Y) dY$와 같이 구성된다.

연습 문제

01 미국의 경제상황과 세계적인 자본 이동 및 캐리 트레이드의 관계에 대하여 설명하시오.

▌ 정답 ◢

정 의	구 성
미국의 경제상황과 세계적인 자본 이동 및 캐리 트레이드의 관계	재정거래인 arbitrage의 현상이 요즘에도 일어날 수 있는가? 이와 관련하여 시장전문가들은 주시하고 있다. 하지만 재정거래가 현재에는 일어나기 쉽지 않은 상황으로 자본자유화가 매우 빠르게 광범위한 국가들에 대부분 진행되어 있다. 한편 국가들 간의 금리 차이에 따른 자본의 급격한 이동은 가능한가? 이는 가능성이 높을 수도 있다고 시장전문가들은 판단하고 있다. 한국의 경우에도 마찬가지이고, 미국을 중심으로 한 금리 수준과 유럽 및 일본 등 선진국 간에 있어서도 금리 차이와 캐리 트레이드와 관련된 논의와 현상은 진행되고 있거나 진행될 수도 있는 것이다. 따라서 미국의 소비 수준과 실업률과 같은 데이터는 세계시장에 있어서 매우 중요한 변수가 되고 있다. 예를 들어, 인플레이션의 현상이 발생할 경우 미국의 중앙은행인 Fed가 금리인상에 대하여 논의를 해 나가기 시작할 것으로 판단되고 있기 때문이다. 따라서 미국의 거시경제변수의 현재의 상태가 매우 중요한 변수인 것이다. 이에 따라 미국의 목표치인 물가 수준이 현재 가장 중요한 변수가 될 수도 있는 것이다.

02 재테크통계학에 있어서 상관관계와 상관계수에 대하여 설명하시오.

▌ 정답 ◢

정 의	구 성
재테크통계학에 있어서 상관관계와 상관계수	상관관계의 상관계수는 −1보다 같거나 크고, 1보다 같거나 작은 범위에 놓여 있다고 정의된다. 이와 같은 상관관계는 앞서도 지적한 바와 같이 각종 모든 분야에 다양하게 적용될 수 있는 매우 유용한 통계분석 중에 가장 대표적인 것으로 판단된다. 이는 상관계수로서 알 수 있다.

03 재테크통계학에 있어서 집합과 확률 개념에 대하여 설명하시오.

▌ 정답 ▟

정 의	구 성
재테크통계학에 있어서 집합과 확률 개념	합에 의한 집합은 K∪L은 집합의 K 혹은 집합의 L이라는 것에 속하여 있는 원소의 전체를 의미한다.
	교집합은 K∩L에 있어서 집합의 A 그리고 집합에 있어 B라는 것에 속하여 있는 공통적인 원소를 말한다.
	고전적인 확률의 개념에서 P(K)는 사상에 있어서 K와 관련되어 있는 사상에 있어서의 숫자에 대하여 표본공간(sample space)에 속하여 있는 전체의 사상 수를 나눈 값을 의미한다.
	조건부 확률이 종속사상의 경우일 경우는 다음과 같다. 조건부 확률이란 어떠한 하나의 특정적인 사상발생에서(혹은 반드시 미래에 발생한다는) 조건부 하에서 타사상의 발생가능성을 알아보는 확률(probability) 값을 의미한다. P(L|K)는 P(K∩L)를 P(K)로 나눈 값, 혹은 P(L|K)은 P(K∩L)를 P(L)로 나눈 값을 의미한다.

04 재테크통계학에 있어서 상관관계의 분석에 대하여 설명하시오.

▌ 정답 ▟

정 의	구 성
재테크통계학에 있어서 상관관계의 분석	상관관계의 분석은 적어도 두(two) 변수 이상의 변수들의 관계를 분석하는데 유용한 결과로서 사용될 수 있다. 이는 통계학의 하나의 도구이며, 상관성이 1과 가까울수록 양(+)의 상관성이 높은 것으로 알 수 있고, -1에 가까울수록 음(-)의 상관성이 높은 것을 의미한다. 그리고 0이면, 둘 사이의 아무런 관계가 없다는 독립성의 관계를 의미한다.

05 상관관계의 분석과 4차 산업혁명 암호화폐에 대하여 설명하시오.

▌ 정답 ▟

정 의	구 성
상관관계의 분석과 4차 산업혁명 암호화폐	상관관계의 분석은 최근 4차 산업혁명에서도 주목을 받고 있는 암호화폐의 경우에도 미국의 페이스북이 전자상거래의 회사들을 포함하여 금융회사들과 암호화폐에 의한 지출 관련 시스템(system) 구축을 위하여 협의하고 있는 것으로 알려지고 있어 데이터만 축적되면 빅데이터에 의한 분석 등을 통하여 효율적으로 소비자들과의 네크워크 형성을 해 나갈 수 있을 것으로 판단된다.

06 재테크통계학에 있어서의 분산(Variance)에 의한 효과에 대하여 설명하시오.

▌정답 ▌

정 의	구 성
재테크통계학에 있어서의 분산에 의한 효과	Y가 이산변수(discrete variable)일 때는 다음과 같이 식이 구성된다.
	$Var(Y)$는 즉, σ^2의 값은 $\sum [Y-E(Y)]^2 P(Y) = E(Y^2) - [E(Y)]^2$와 같다.
	그리고 Y가 연속변수(continuous variable)일 때는 $Var(Y)$는 즉, σ^2의 값은 $\int (Y-\mu)^2 f(Y) dY$와 같이 구성된다. 평균을 중심으로 얼마나 흩어져 있는지와 관련된 산포도인 degree of scatter와 관련되어 있다. 주식의 경우 약세장에서 분산의 값이 커진다는 것은 하락장이 당분간 지속될 수 있다고 시상선문가들은 분석하고 있다.

제5편

재테크통계학에서의
상관관계의 적용

Chapter
09

재테크통계학에서의 표준편차와 상관관계의 분석

제1절 | 재테크통계학에서의 표준편차

미국과 중국의 무역정책과 관련하여서는 지적재산권과 새롭게 전개되고 있는 기술과 관련하여 중요한 쟁점이 되었던 것이 사실이다. 일본의 경우에 있어서도 유럽과의 무역거래 확대에 힘을 쏟고 있으며, 자동차부품을 포함한 자동차의 분야에 있어서 중국과 같은 정도의 협상에 최선을 다하고 있는 것이다. 한편 미국의 경우

표 9-1　미국과 세계의 무역정책과 관련된 이슈

정 의	구 성
미국과 세계의 무역정책과 관련된 이슈	미국과 중국의 무역정책과 관련하여서는 지적재산권과 새롭게 전개되고 있는 기술과 관련하여 중요한 쟁점이 되었던 것이 사실이다. 일본의 경우에 있어서도 유럽과의 무역거래 확대에 힘을 쏟고 있으며, 자동차부품을 포함한 자동차의 분야에 있어서 중국과 같은 정도의 협상에 최선을 다하고 있는 것이다. 한편 미국의 경우 기존의 FTA협상이 체결되어 발효되어 있는 협상에 있어서 새로운 시각을 갖고 있기도 하다.

기존의 FTA협상이 체결되어 발효되어 있는 협상에 있어서 새로운 시각을 갖고 있기도 하다.

그림 9-1 미국과 세계의 무역정책과 관련된 이슈의 전개과정

미국과 중국의 무역정책과 관련하여서는
지적재산권과 새롭게 전개되고 있는 기술과 관련하여
중요한 쟁점이 되었던 것이 사실

↓

일본의 경우에 있어서도 유럽과의 무역거래 확대에 힘을 쏟고 있으며,
자동차부품을 포함한 자동차의 분야에 있어서
중국과 같은 정도의 협상에 최선을 다하고 있는 것

↓

미국의 경우 기존의 FTA협상이 체결되어 발효되어 있는
협상에 있어서 새로운 시각을 갖고 있기도 함

상관관계 분석을 통하여 원인과 결과에 대하여 추론의 과정을 통하여 판단해 볼 수도 있다. 이는 상호간에 있어서 의존관계를 의미한다. 여기서 원인과 결과가 나타나지 않는다면 독립적인 변수들일 수도 있다.

앞에서도 지적한 바와 같이 서로 반대적인 방향으로 움직인다면 역의 상관성을 갖게 되는 것이다. 원인과 결과는 인과의 관계성으로 불리기도 한다. 인과성의 관계가 필연적으로 상관성을 의미하지는 않지만 유사한 측면과 추론통계학적인 절차도 있는 것이다.

표 9-2 상관관계 분석과 인과성의 관계

정 의	구 성
상관관계 분석과 인과성의 관계	상관관계 분석을 통하여 원인과 결과에 대하여 추론의 과정을 통하여 판단해 볼 수도 있다. 이는 상호간에 있어서 의존관계를 의미한다. 여기서 원인과 결과가 나타나지 않는다면 독립적인 변수들일 수도 있다. 앞에서도 지적한 바와 같이 서로 반대적인 방향으로 움직인다면 역의 상관성을 갖게 되는 것이다. 원인과 결과는 인과의 관계성으로 불리기도 한다. 인과성의 관계가 필연적으로 상관성을 의미하지는 않지만 유사한 측면과 추론통계학적인 절차도 있는 것이다.

그림 9-2 상관관계 분석과 상호간에 있어서 의존관계

상관관계 분석

↓

원인과 결과에 대하여 추론의 과정을 통하여 판단

↓

상호간에 있어서 의존관계를 의미

↓

원인과 결과가 나타나지 않는다면
독립적인 변수들일 수도 있음

그림 9-3 상관관계 분석과 인과성 관계의 체계도

서로 반대적인 방향으로 움직인다면 역의 상관성

↓

원인과 결과는 인과의 관계성으로 불리기도 함

↓

인과성의 관계가 필연적으로 상관성을 의미하지는 않지만
유사한 측면과 추론통계학적인 절차도 있는 것

그림 9-4 한국 기타외국인(매수) 거래량(2017년 4월~2019년 3월, 월간, 천주 단위)
과 한국 기타외국인(매수) 거래대금(2017년 4월~2019년 3월, 월간, 백만
원 단위) 동향

한국 기타외국인(매수) 거래량

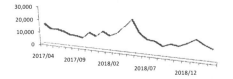

한국 기타외국인(매수) 거래대금

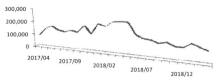

<그림 9-4>에는 한국 기타외국인(매수) 거래량(2017년 4월~2019년 3월, 월간, 천주 단위)과 한국 기타외국인(매수) 거래대금(2017년 4월~2019년 3월, 월간, 백만원 단위) 동향이 표기되어 나타나 있다. 이 자료는 한국은행(Bank of Korea)에서 제공하는 경제통계와 관련된 시스템(인터넷 홈페이지)을 통하여 입수한 것이다.

분석기간 중의 한국 기타외국인(매수) 거래량과 한국 기타외국인(매수) 거래대금을 살펴보면, 두 변수 모두 2018년 5월 최대의 값을 형성하였으며, 한국 기타외국인(매수) 거래량의 최저점은 2018년 9월이었다. 한국 기타외국인(매수) 거래대금의 경우 2019년 3월이 최소의 값을 보였다.

그림 9-5 한국 기디법인(매수) 거래량(2017년 4월~2019년 3월, 월간, 천주 단위)과 한국 기타법인(매수) 거래대금(2017년 4월~2019년 3월, 월간, 백만원 단위) 동향

한국 기타법인(매수) 거래량

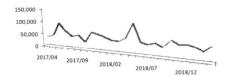

한국 기타법인(매수) 거래대금

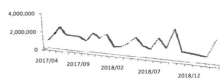

또한 각각의 평균 값(average or mean)은 12,530.292천주와 151,231.375백만 원을 나타냈다. 한편 각각의 표준편차(standard deviation) 값은 3,858.779와 47,614.093이었다. 그리고 분산 값은 각각 14,890,175.868과 2,267,101,854.505에 해당한다.

<그림 9-5>에는 한국 기타법인(매수) 거래량(2017년 4월~2019년 3월, 월간, 천주 단위)과 한국 기타법인(매수) 거래대금(2017년 4월~2019년 3월, 월간, 백만원 단위) 동향이 표기되어 나타나 있다. 이 자료는 한국은행(Bank of Korea)에서 제공하는 경제통계와 관련된 시스템(인터넷 홈페이지)을 통하여 입수한 것이다.

분석기간 중의 한국 기타법인(매수) 거래량과 한국 기타법인(매수) 거래대금을 살펴보면, 각각 2018년 5월과 2018년 10월에 최대의 값을 형성하였다. 그리고 한국 기타법인(매수) 거래량의 최저점은 2017년 10월이었으며, 한국 기타법인(매수) 거래대금의 최저점은 2019년 2월이었다.

또한 각각의 평균 값(average or mean)은 54,775.75천주와 1,608,674.542백만 원을 나타냈다. 한편 각각의 표준편차(standard deviation) 값은 18,862.100과 636,201.172이었다. 그리고 분산 값은 각각 355,778,823.674와 404,751,931,816.172에 해당한다.

표 9-3 재테크통계학에서의 표준편차

정 의	구 성
재테크통계학에서의 표준편차	표준편차(standard deviation)의 경우는 다음과 같이 구성된다. Y가 이산변수(discrete variable)일 때는 $\sigma = \sqrt{Var(Y)} = \sqrt{\sum [Y - E(Y)]^2 P(Y)}$와 같다. 그리고 Y가 연속변수 (continuous variable)일 때는 $\sigma = \sqrt{Var(Y)}$와 같다.

제2절 | 재테크통계학에서 상관관계의 분석

세계 경제에서 미국 이외에 가장 영향력이 큰 국가 중에 하나인 중국 경제의 활동성과 유럽경제의 활성화가 중요할 것으로 판단된다. 이는 유럽의 경우 브렉시트 가능성에 대한 이슈도 중요한 요소 중에 하나이다.

그림 9-6 중국 경제의 활동성과 유럽경제의 활성화의 중요성

세계 경제에서 미국 이외에 가장 영향력이 큰 국가 중에 하나인
중국 경제의 활동성과 유럽경제의 활성화가 중요할 것으로 판단

↓

유럽의 경우 브렉시트 가능성에 대한 이슈도
중요한 요소 중에 하나임

따라서 포트폴리오에서도 주식이 보다 매력적일지 채권이 더 매력적일지는 미국의 금리정책을 위시한 정책적인 동향과 경기변동에 따른 기업들의 실적전망 등이 매우 중요한 시점으로 판단된다.

그림 9-7 포트폴리오의 구성과 미국의 금리정책 및 기업들의 실적전망

포트폴리오에서도 주식이 보다 매력적일지 채권이 더 매력적일지는
미국의 금리정책을 위시한 정책적인 동향

↓

경기변동에 따른 기업들의 실적전망 등이 매우 중요한 시점

표 9-4   중국 및 유럽경제의 활성화

정 의	구 성
중국 및 유럽 경제의 활성화	세계 경제에서 미국 이외에 가장 영향력이 큰 국가 중에 하나인 중국 경제의 활동성과 유럽 경제의 활성화가 중요할 것으로 판단된다. 이는 유럽의 경우 브렉시트 가능성에 대한 이슈도 중요한 요소 중에 하나이다. 따라서 포트폴리오에서도 주식이 보다 매력적일지 채권이 더 매력적일지는 미국의 금리정책을 위시한 정책적인 동향과 경기변동에 따른 기업들의 실적전망 등이 매우 중요한 시점으로 판단된다.

    판매량과 경제성장률, 음식량 섭취와 체중과의 관계와 같이 추론적으로 원인과 결과를 알 수 있는 경우가 있으며 이는 양(+)의 상관관계에 놓여 있음을 알 수 있는 것이다. 반면에 수요의 법칙과 같이 가격의 상승은 수요량의 감소와의 관계에서 반대방향으로 이동하는 경우에는 음(−)의 상관관계를 갖고 있음과 같이 형성된다.

그림 9-8   양과 음의 상관관계의 실무적인 적용 사례의 체계도

판매량과 경제성장률, 음식량 섭취와 체중과의 관계와
같이 추론적으로 원인과 결과를 알 수 있는 경우

↓

양(+)의 상관관계

↓

수요의 법칙과 같이 가격의 상승은 수요량의 감소와의 관계에서
반대방향으로 이동하는 경우에는 음(-)의 상관관계

표 9-5	상관관계와 실무적인 적용 사례

정 의	구 성
상관관계와 실무적인 적용 사례	판매량과 경제성장률, 음식량 섭취와 체중과의 관계와 같이 추론적으로 원인과 결과를 알 수 있는 경우가 있으며 이는 양(+)의 상관관계에 놓여 있음을 알 수 있는 것이다. 반면에 수요의 법칙과 같이 가격의 상승은 수요량의 감소와 같이 반대방향으로 이동하는 경우에는 음(−)의 상관관계를 갖고 있음과 같이 형성된다.

데이터의 양이 충분할 경우 경기와 4차 산업혁명 중 블록체인과 연계된 암호화폐 활성화의 상관성을 살펴볼 수도 있다. 여기서 암호화폐 투자의 경우 주의할 사항으로는 법정화폐의 개념이 성립되지 않는 암호화폐의 경우 투자자 본인의 투자판단에 의존할 수밖에 없으며 따라서 손실(loss)과 수익(profit)이 발생하는 것에 대하여 투자자(investors)들에게 귀속된다는 점이다. 따라서 사기 또는 허위 정보에 따른 피해의 경우에도 투자자 본인에게 모두 발생된다는 특징을 지니고 있다.

표 9-6	경기와 암호화폐 활성화의 상관성과 암호화폐 투자의 유의성

정 의	구 성
경기와 4차 산업혁명 중 블록체인과 연계된 암호화폐 활성화의 상관성과 암호화폐 투자의 유의성	데이터의 양이 충분할 경우 경기와 4차 산업혁명 중 블록체인과 연계된 암호화폐 활성화의 상관성을 살펴볼 수도 있다. 여기서 암호화폐 투자의 경우 주의할 사항으로는 법정화폐의 개념이 성립되지 않는 암호화폐의 경우 투자자 본인의 투자판단에 의존할 수 밖에 없으며 따라서 손실(loss)과 수익(profit)이 발생하는 것에 대하여 투자자(investors)들에게 귀속된다는 점이다. 따라서 사기 또는 허위 정보에 따른 피해의 경우에도 투자자 본인에게 모두 발생된다는 특징을 지니고 있다.

그림 9-9	경기와 4차 산업혁명 중 블록체인과 연계된 암호화폐 활성화의 상관성

데이터의 양이 충분할 경우

↓

경기와 4차 산업혁명 중 블록체인과 연계된
암호화폐 활성화의 상관성을 살펴볼 수도 있음

그림 9-10 암호화폐 투자의 경우 주의할 사항의 관계도

암호화폐 투자의 경우 주의할 사항

↓

법정화폐의 개념이 성립되지 않는 암호화폐의 경우
투자자 본인의 투자판단에 의존할 수밖에 없으며
손실(loss)과 수익(profit)이 발생하는 것에 대하여 투자자(investors)들에게
귀속된다는 점

↓

사기 또는 허위 정보에 따른 피해의 경우에
도 투자자 본인에게 모두 발생된다는 특징

표 9-7 재테크통계학에서 분산(Variance)의 특성 중 독립적일 경우

정 의	구 성
재테크통계학에서 분산(Variance)의 특성 중 독립적일 경우	분산(Variance)의 특성으로는 확률변수의 두 가지 K와 L이 독립적 (independent)일 때 $\mathrm{Var}(\beta) = 0$ $\mathrm{Var}(\mathrm{K} + \beta) = \mathrm{Var}(\mathrm{K})$ $\mathrm{Var}(\gamma\mathrm{K}) = \gamma^2\mathrm{Var}(\mathrm{K})$ $\mathrm{Var}(\beta\mathrm{K} + \gamma\mathrm{L}) = \beta^2\mathrm{Var}(\mathrm{K}) + \gamma^2\mathrm{Var}(\mathrm{L})$

표 9-8 재테크통계학에서 분산(Variance)의 특성 중 종속적일 경우

정 의	구 성
재테크통계학에서 분산(Variance)의 특성 중 종속적일 경우	분산(Variance)의 특성으로는 확률변수의 두 가지 K와 L이 종속적 (dependent)일 때 $\mathrm{Var}(\mathrm{K} + \mathrm{L}) = \mathrm{Var}(\mathrm{K}) + \mathrm{Var}(\mathrm{L}) + 2\mathrm{Cov}(\mathrm{K},\ \mathrm{L})$ $\mathrm{Var}(\mathrm{K} - \mathrm{L}) = \mathrm{Var}(\mathrm{K}) + \mathrm{Var}(\mathrm{L}) - 2\mathrm{Cov}(\mathrm{K},\ \mathrm{L})$ $\mathrm{Var}(\mathrm{aK} + \mathrm{bL}) = \mathrm{a}^2\mathrm{Var}(\mathrm{K}) + \mathrm{b}^2\mathrm{Var}(\mathrm{L}) + 2\mathrm{ab}\,\mathrm{Cov}(\mathrm{K},\ \mathrm{L})$

표 9-9	재테크통계학에서 공분산(covariance)

정 의	구 성
재테크통계학에서 공분산(covariance)	공분산(covariance)은 다음과 같다. 첫째, 모집단의 경우에는 아래의 식과 같이 구성할 수 있다. $$\mathrm{Cov}(Y,X) = \sigma_{YX} = \sum_{j=1}^{M}\sum_{i=1}^{M}[Y_j - E(Y)][X_i - E(X)]P(Y_jX_i)$$ $$= E[[Y - E(Y)][X - E(X)]]$$ $$= E(YX) - E(Y)E(X)$$ $P(Y_jX_i)$는 Y의 j번째 결과의 값과 X의 i번째 결과에서 발생될 확률(probability)을 의미한다.

표 9-10	재테크통계학에서 모집단의 상관(correlation) 계수(coefficient)

정 의	구 성
재테크통계학에서 모집단의 상관(correlation) 계수(coefficient)	모집단에 있어서의 상관(correlation) 계수(coefficient)는 다음과 같이 표현할 수 있다. 일반적으로 모집단에 있어서 상관계수의 값은 아래의 식과 같이 표기된다. $$\text{correlation coefficient} = \frac{\mathrm{Cov}(Y,~X)}{\sigma_Y \sigma_X}$$ 여기서 이 값의 범위는 −1보다 같거나 크고, 1보다 작거나 같은 범위에 놓이게 된다. σ_Y : 변수(variable) Y의 표준편차(standard deviation) σ_X : 변수(variable) X의 표준편차(standard deviation)

연습 문제

01 미국과 세계의 무역정책과 관련된 이슈에 대하여 설명하시오.

▌정답 ▟

정 의	구 성
미국과 세계의 무역정책과 관련된 이슈	미국과 중국의 무역정책과 관련하여서는 지적재산권과 새롭게 전개되고 있는 기술과 관련하여 중요한 쟁점이 되었던 것이 사실이다. 일본의 경우에 있어서도 유럽과의 무역거래 확대에 힘을 쏟고 있으며, 자동차부품을 포함한 자동차의 분야에 있어서 중국과 같은 정도의 협상에 최선을 다하고 있는 것이다. 한편 미국의 경우 기존의 FTA협상이 체결되어 발효되어 있는 협상에 있어서 새로운 시각을 갖고 있기도 하다.

02 상관관계 분석과 인과성의 관계에 대하여 설명하시오.

▌정답 ▟

정 의	구 성
상관관계 분석과 인과성의 관계	상관관계 분석을 통하여 원인과 결과에 대하여 추론의 과정을 통하여 판단해 볼 수도 있다. 이는 상호간에 있어서 의존관계를 의미한다. 여기서 원인과 결과가 나타나지 않는다면 독립적인 변수들일 수도 있다. 앞에서도 지적한 바와 같이 서로 반대적인 방향으로 움직인다면 역의 상관성을 갖게 되는 것이다. 원인과 결과는 인과의 관계성으로 불리기도 한다. 인과성의 관계가 필연적으로 상관성을 의미하지는 않지만 유사한 측면과 추론통계학적인 절차도 있는 것이다.

03 재테크통계학에서의 표준편차에 대하여 설명하시오.

▌정답 ▟

정 의	구 성
재테크통계학에서의 표준편차	표준편차(standard deviation)의 경우는 다음과 같이 구성된다. Y가 이산변수(discrete variable)일 때는 $\sigma = \sqrt{\mathrm{Var}(Y)} = \sqrt{\sum [Y-E(Y)]^2 P(Y)}$와 같다. 그리고 Y가 연속변수(continuous variable)일 때는 $\sigma = \sqrt{\mathrm{Var}(Y)}$와 같다.

04 중국 및 유럽 경제의 활성화에 대하여 설명하시오.

▮ 정답 ▮

정 의	구 성
중국 및 유럽 경제의 활성화	세계 경제에서 미국 이외에 가장 영향력이 큰 국가 중에 하나인 중국 경제의 활동성과 유럽 경제의 활성화가 중요할 것으로 판단된다. 이는 유럽의 경우 브렉시트 가능성에 대한 이슈도 중요한 요소 중에 하나이다. 따라서 포트폴리오에서도 주식이 보다 매력적일지 채권이 더 매력적일지는 미국의 금리정책을 위시한 정책적인 동향과 경기변동에 따른 기업들의 실적전망 등이 매우 중요한 시점으로 판단된다.

05 상관관계와 실무적인 적용 사례에 대하여 설명하시오.

▮ 정답 ▮

정 의	구 성
상관관계와 실무적인 적용 사례	판매량과 경제성장률, 음식량 섭취와 체중과의 관계와 같이 추론적으로 원인과 결과를 알 수 있는 경우가 있으며 이는 양(+)의 상관관계에 놓여 있음을 알 수 있는 것이다. 반면에 수요의 법칙과 같이 가격의 상승은 수요량의 감소와 같이 반대방향으로 이동하는 경우에는 음(−)의 상관관계를 갖고 있음과 같이 형성된다.

06 경기와 암호화폐 활성화의 상관성과 암호화폐 투자의 유의성에 대하여 설명하시오.

▮ 정답 ▮

정 의	구 성
경기와 4차 산업혁명 중 블록체인과 연계된 암호화폐 활성화의 상관성과 암호화폐 투자의 유의성	데이터의 양이 충분할 경우 경기와 4차 산업혁명 중 블록체인과 연계된 암호화폐 활성화의 상관성을 살펴볼 수도 있다. 여기서 암호화폐 투자의 경우 주의할 사항으로는 법정화폐의 개념이 성립되지 않는 암호화폐의 경우 투자자 본인의 투자판단에 의존할 수밖에 없으며 따라서 손실(loss)과 수익(profit)이 발생하는 것에 대하여 투자자(investors)들에게 귀속된다는 점이다. 따라서 사기 또는 허위 정보에 따른 피해의 경우에도 투자자 본인에게 모두 발생된다는 특징을 지니고 있다.

07 재테크통계학에서 분산(Variance)의 특성 중 독립적일 경우에 대하여 설명하시오.

▮ 정답 ▮

정 의	구 성
재테크통계학에서 분산(Variance)의 특성 중 독립적일	분산(Variance)의 특성으로는 확률변수의 두 가지 K와 L이 독립적(independent)일 때 $Var(\beta) = 0$

경우	$\mathrm{Var}(\mathrm{K}+\beta) = \mathrm{Var}(\mathrm{K})$ $\mathrm{Var}(\gamma\mathrm{K}) = \gamma^2\mathrm{Var}(\mathrm{K})$ $\mathrm{Var}(\beta\mathrm{K}+\gamma\mathrm{L}) = \beta^2\mathrm{Var}(\mathrm{K})+\gamma^2\mathrm{Var}(\mathrm{L})$

참고문헌

Anderson, C. A., and K. E. Dill.(2000), "Video Games and Aggressive Thoughts, Feelings, and Behavior in the Laboratory and in", *Journal of Personality and Social Psychology*, 78(4).

Bank of International Settlements(1995), Issues of Measurement Related to Market Size and Derivatives Market Activity, Basel.

Constantinides, G., M. Harris and R. Stulz(eds.)(2003), Handbook of the Economics of Finance, Chaper 6, Elsevier, North Holand.

European Central Bank(2005), Statistical Classification of Financial Markets Instruments, Frankfurt am Main.

Issing, O.(1997), "Monetary Targeting in Germany: the Stability of Monetary Policy and of the Monetary System, *Journal of Monetary Economics*, 39.

Jordi, G.(2008), Monetary Policy, Inflation, and the Business Cycle: An Introduction to the New Keynesian Framework, Princeton, NJ: Princeton University Press.

Lund, P.(2010), "Letter to the Editor", Guardian Weekly, 07 16:23.

Mink, R.(2005), Implicit assets and liabilities within an updated System of Nation Accounts, note prepared for the IMF/BEA Task Meeting on Pensions, 21 to 23 September 2005, Washington DC.

Robert, L., and Sargent, T.(1981), Rational Expectations and Econometric Practice, Minneapolis: University of Minnesota Press.

Rohlf, F. J., and R. R. Sokal.(1981), Statistical Tables, Second, New York, NY: W. H. Freeman.

Steven, S.(1996), Rational Expectations, New York: Cambridge University.

http://ecos.bok.or.kr/

찾아보기

저자약력

김종권
성균관대학교 경제학사 졸업
서강대학교 경제학석사 졸업
서강대학교 경제학박사 졸업
대우경제연구소 경제금융연구본부 선임연구원 역임
LG투자증권 리서치센터 책임연구원 역임
한국보건산업진흥원 정책전략기획단 책임연구원 역임
전 산업자원부 로봇팀 로봇융합포럼 의료분과위원
전 한국경제학회 사무차장
전 한국국제경제학회 사무차장
현재 신한대학교 글로벌통상경영학과 부교수
      한국국제금융학회 이사
      한국무역상무학회 이사

저서
재정학과 실무, 박영사, 2017.12
정보경제학과 4차 산업혁명, 박영사, 2018.9
금융·재정학과 블록체인, 박영사, 2018.10

공적
의정부세무서장 표창장(2011.3.3)
국회 기획재정위원장 표창장(2018.5.3)

백만장자가 되기 위한
재테크통계학

초판 발행   2019년 8월 30일

지은이   김종권
펴낸이   안종만 · 안상준

편 집   우석진
기획/마케팅   손준호
표지디자인   이미연
제 작   우인도 · 고철민

펴낸곳   (주) **박영사**
             서울특별시 종로구 새문안로3길 36, 1601
             등록 1959. 3. 11. 제300-1959-1호(倫)

전 화   02)733-6771
f a x   02)736-4818
e-mail   pys@pybook.co.kr
homepage   www.pybook.co.kr
ISBN   979-11-303-0815-9   93310

정 가   17,000원